Manal Abdalla Ibrahim
El Bushra El Sheikh El Nur

Análise fitoquímica de Maerua Pseudopetalosa

Manal Abdalla Ibrahim
El Bushra El Sheikh El Nur

Análise fitoquímica de Maerua Pseudopetalosa

Planta medicinal com produtos naturais bioactivos

ScienciaScripts

Imprint

Cover image: www.ingimage.com

This book is a translation from the original published under ISBN 978-3-659-83561-2.

Publisher:
Sciencia Scripts
is a trademark of
Dodo Books Indian Ocean Ltd. and OmniScriptum S.R.L publishing group

120 High Road, East Finchley, London, N2 9ED, United Kingdom
Str. Armeneasca 28/1, office 1, Chisinau MD-2012, Republic of Moldova, Europe
Printed at: see last page
ISBN: 978-620-8-27451-1

ÍNDICE

AGRADECIMENTOS 2

RESUMO 3

CAPÍTULO 1 6

CAPÍTULO 2 23

CAPÍTULO 3 33

CAPÍTULO 4 82

REFERÊNCIAS 85

APÊNDICE 4.2. 100

AGRADECIMENTOS

Agradeço a Alá Todo-Poderoso, cujas bênçãos e poder me permitiram concluir este trabalho, apesar das muitas dificuldades encontradas. Estou muito grato ao meu supervisor, Dr. EL Bushra EL Sheikh EL Nur, Departamento de Botânica, Faculdade de Ciências, Universidade de Cartum, pelo seu apoio contínuo, conselhos, encorajamento e pela sua atitude paternal, que é muito apreciada.

Gostaria também de agradecer ao meu co-orientador, Dr. Mohammad Hammad Awad, do Departamento de Botânica da Faculdade de Ciências e Tecnologia da Universidade Islâmica de Umdurman, pelo seu interesse e pela sua ajuda na análise estatística dos resultados.

Muito obrigado ao professor Ahmed A. Gamil, do Departamento de Patologia da Faculdade de Ciências Veterinárias da Universidade de Cartum, pelas suas valiosas sugestões e pela sua grande ajuda na explicação dos resultados toxicológicos.

Agradeço também aos membros do pessoal do Departamento de Botânica da Faculdade de Ciências da Universidade de Cartum pela ajuda e óptima companhia que me proporcionaram.

Gostaria de expressar a minha sincera gratidão aos membros do pessoal do Laboratório Central da Universidade de Cartum, do Instituto de Plantas Medicinais e Aromáticas do Centro Nacional de Investigação e do Laboratório Central do Hospital de Cartum pela ajuda e apoio técnico.

Por último, mas não menos importante, gostaria de agradecer especialmente aos meus queridos familiares pelo seu apoio, encorajamento e simpatia.

Manal Abdalla Ibrahim

maio de 2012

RESUMO

Os objectivos desta investigação são: avaliar a atividade antimicrobiana dos extractos *de Maerua pseudopetalosa* (Gilg e Bened.) De Wolf, estudar a toxicidade dos extractos de tubérculos utilizando parâmetros bioquímicos e hematológicos, bem como alterações histopatológicas, realizar um rastreio fitoquímico, fracionar e caraterizar o(s) composto(s) e examinar as suas actividades biológicas em larvas de artémia. Além disso, as fracções bioactivas foram submetidas a análise por GC/MS.

O clorofórmio, o acetato de etilo e o etanol, que foram utilizados para a extração das partes de *M. pseudopetalosa*, deram origem a nove extractos com diferentes cores, consistências e extractabilidades.

Quatro estirpes bacterianas *(Bacillus cereus, Escherichia coli, Staphylococcus aureus* e *Salmonella typhi,* e três espécies fúngicas: *Aspergillus fumigatus, Aspergillus flavus* e *Candida albicans*) foram testadas quanto à atividade antimicrobiana dos extractos. A atividade antibacteriana foi de tipo limitado (apenas 11%); enquanto a atividade antifúngica mostrou variações consideráveis, dependendo do tipo de extrato, do fungo e da duração do tratamento.

Os testes de metabolitos secundários comprovaram a presença de taninos, esteróis e alcalóides e a ausência de flavonóides, terpenos e saponinas. A deteção de triterpenos, esteróis e alcalóides nas fracções etanólicas do tubérculo foi comprovada por separação TLC, enquanto os glicosídeos cardíacos foram detectados apenas no extrato bruto.

Os estudos toxicológicos provaram que apenas a concentração de 250 mg/kg de peso corporal - dos extractos de acetato de etilo e de etanol do tubérculo - foi capaz de reduzir o peso corporal dos ratos Wistar.

O acetato de etilo e o extrato etanólico revelaram graus variáveis de toxicidade em todos os parâmetros bioquímicos e hematológicos, independentemente da concentração utilizada. Os ratos que receberam o extrato etanólico não apresentaram diferenças significativas nos valores de AST, ALT, ALP e bilirrubina direta, mas diminuíram significativamente os valores de proteínas totais, bilirrubina total, ureia e teor de albumina (em todas as concentrações utilizadas) e colesterol (na dose de 250 mg/ kg), em comparação com o controlo ($p<0,05$). A mortalidade ocorreu no grupo da dose de 500 mg/ kg. Por outro lado, o extrato etanólico não mostrou qualquer efeito significativo na maioria dos parâmetros hematológicos, exceto nas contagens de PLT e de linfócitos, que apresentaram uma diminuição significativa nos ratos que receberam 250 e 50 mg/ kg de peso corporal, respetivamente ($p< 0,05$). Os ratos que receberam o extrato de acetato de etilo apresentaram uma diminuição significativa dos valores das contagens de hemácias, HCT e LY a uma concentração de 50 mg/kg, enquanto a MCHC apresentou um aumento a uma concentração de 50 e 250 mg/kg e um aumento das contagens de GR a uma concentração de 50mg/kg. Também o acetato de etilo provocou um aumento significativo dos níveis séricos de AST a uma concentração de 50 mg/kg e uma redução dos níveis de colesterol, T.B, D.B, proteínas totais e albumina. Estas alternâncias observáveis em alguns parâmetros são indicações de que os extractos de tubérculos de *M. pseudopetalosa* possuem uma toxicidade ligeira. Por conseguinte, os extractos brutos dos tubérculos podem não ser completamente seguros como remédios orais. As alterações histopatológicas do tratamento com etanol a uma concentração de 50 mg/kg de peso corporal infligiram perda de núcleos, picnose nuclear e, em algumas células, acidofilia citoplasmática das secções do fígado. O aumento da concentração para 250 mg/kg de peso corporal produziu vasos sanguíneos dilatados e sinusóides. Ocorreram mortes espontâneas com uma dose de 500 mg/kg de peso corporal. O extrato de acetato de etilo a uma concentração de 50 mg/kg de peso corporal apresentou variações no tamanho dos núcleos dos hepatócitos e a sua perda em alguns casos; enquanto que a uma concentração de 250 mg/kg de peso corporal produziu apenas uma ligeira dilatação sinusoidal. Além disso, a concentração de 500 mg/kg de peso corporal mostrou vacuolação celular e inchaço dos hepatócitos.

As secções do baço revelaram polpas brancas empobrecidas com linfócitos frouxamente dispostos (a 50 mg/kg de peso corporal do extrato de acetato de etilo); o aumento das concentrações do extrato de etanol não revelou quaisquer alterações significativas.

As secções do coração dos ratos Wistar tratados com 50 mg/kg de peso corporal do extrato de acetato de etilo mostraram separação e fragmentação dos músculos, com alguns a exibirem coloração eosinofílica.

Foram observadas aparências normais, com núcleos musculares alongados em algumas células e variações na coloração, nas concentrações de 50 mg/kg de peso corporal e 250 mg/kg de peso corporal do extrato etanólico.

O aumento da concentração para 250 mg/kg do extrato de acetato de etilo induziu músculos finos e separados; enquanto que um aumento adicional para 500 mg/kg de peso corporal produziu músculos com aspeto normal, mas com células intersticiais aumentadas.

Os extractos de acetato de etilo e de etanol das partes dos tubérculos foram submetidos a uma separação adicional através da técnica de cromatografia em coluna, tendo sido obtidas oito fracções para o primeiro e doze para o segundo.

O extrato etanólico revelou uma notável citotoxicidade contra larvas de artémia. As fracções F_8 , F_9 , F_{11} e F_{12} , com valores citotóxicos elevados (1,25, 7,98, 0,185, o.o41 µg/ml respetivamente) foram escolhidas para análise por cromatografia gasosa/espetrometria de massa. Foram obtidos trinta e três compostos não registados em qualquer trabalho anterior na literatura disponível. Verificou-se que as fracções 8 e 9 eram citotóxicas devido à presença de compostos de oleato e linoleato com maior citotoxicidade na fração 8 devido à presença de ácido decenóico. Além disso, a fração 12 foi mais citotóxica do que a fração 11, o que foi atribuído à presença de um dos compostos presentes na fração 12 (éster de prolina-N-metil-butilo). Este composto pode ser considerado como a causa da elevada toxicidade da fração, uma vez que se verificou que a prolina livre inibe o crescimento de tumores mamários induzidos pela N-metil-N-Nitrosoureia em ratos e sugeriu a sua utilização como inibidor do desenvolvimento do cancro da mama.

Surpreendentemente, os tubérculos *de M. pseudopetalosa* foram utilizados na medicina popular dos nativos de algumas partes do Sudão para o tratamento do crescimento do cancro da mama sem qualquer conhecimento dos seus constituintes químicos.

CAPÍTULO 1

1. REVISÃO DA LITERATURA

1.1 Introdução geral

"As plantas medicinais são a dádiva de Deus aos seres humanos para que tenham uma vida saudável e sem doenças. Desempenham um papel importante na preservação da nossa saúde" (Rajesh *et al.,2009).*

A utilização de plantas na medicina não está limitada ou restringida a qualquer região do mundo. É uma prática antiga em várias partes do globo, tanto para fins preventivos como curativos. A dependência de ervas como medicamento no tratamento de doenças é uma prática adoptada por uma grande parte da população rural devido à sua disponibilidade e acessibilidade (Sani *et al.*, 2009).

A longa história de aplicação clínica e a origem natural garantem que os produtos à base de plantas são, na sua maioria, eficazes e não tóxicos (Shin *et al.*, 2009), o que incentiva a sua utilização para o tratamento de uma série de doenças sem supervisão. No entanto, o aumento da popularidade e a escassez de estudos científicos sobre a segurança destas plantas e dos seus fitoconstituintes têm levantado questões sobre a sua toxicidade e efeitos adversos (Gehlot e Bohra,2000 e Saad *et al.,* 2006), pelo que a avaliação das implicações tóxicas das plantas medicinais tradicionalmente utilizadas se torna uma necessidade. Sabe-se que o estudo da atividade tóxica das plantas medicinais é útil para a melhoria da medicina tradicional, bem como para o desenvolvimento de novas moléculas terapêuticas (Fransworth,1994).

Recentemente, foram levantadas preocupações sobre a falta de controlo de qualidade e de provas científicas da eficácia e segurança das plantas medicinais (Firenzuoli e Gori, 2007; Rousseaux e Scachter,2003). As plantas medicinais constituem uma fonte eficaz de medicina tradicional e moderna e demonstraram ter uma utilidade genuína (Akinyemi,2000). As plantas foram utilizadas como fontes de remédios para o tratamento de muitas doenças desde tempos antigos e povos de todos os continentes, especialmente em África, onde a cultura diversificada é uma fonte rica de medicamentos tradicionais. Muitos países africanos usam a medicina folclórica para as suas necessidades de saúde (Ouedraogo *et al.,* 2007). Na África Ocidental, os novos medicamentos não são muitas vezes acessíveis, pelo que até 80% da população utiliza plantas medicinais como remédios (Hostettamann e Marson, 2007).

A fitoquímica é uma disciplina que se situa algures entre os produtos naturais, a química orgânica e a bioquímica das plantas, com uma relação estreita com ambas, tal como foi explicado por Harborne (1973). Acrescentou ainda que se sabe que as plantas produzem compostos químicos durante os seus processos metabólicos normais, que se dividem geralmente em metabolitos primários presentes em todas as plantas (açúcares, proteínas e lípidos) e metabolitos secundários que não são essenciais para as funções básicas e que se encontram numa gama mais restrita de plantas. Por conseguinte, as plantas continuam a representar uma fonte rica de agentes terapêuticos, especialmente os que contêm metabolitos secundários.

Nos países em desenvolvimento, as populações dependem principalmente de medicamentos obtidos a partir de plantas para curar as doenças encontradas. A OMS estimou que, nas próximas décadas, uma percentagem semelhante da população mundial poderá vir a depender de medicamentos à base de plantas (relatórios da OMS, 2003). O relatório também indicou que trinta por cento dos medicamentos vendidos em todo o mundo contêm compostos derivados de plantas.

Borries (1996) estimou que existem entre 250 000 e 500 000 espécies de plantas na Terra e que apenas cerca de 10% destas são utilizadas como alimentos por espécies humanas e animais.

A planta *Maerua pseudopetalosa* (Gilg e Bened.) De Wolf (família Cappariaceae) é conhecida como Kordale entre os Nuba das montanhas Nuba e como Amyok entre os Dinka da Repúplica do Sul do Sudão, onde os frutos são consumidos, mas apenas em épocas de fome e após cuidadosas preparações para remover as substâncias tóxicas. As raízes são tradicionalmente utilizadas como remédio para a tosse e como cura para tumores. Apesar de esta planta ser muito utilizada, existe pouca literatura disponível sobre a avaliação científica dos seus efeitos toxicológicos. A avaliação dos parâmetros hematológicos pode ser utilizada para determinar a extensão do efeito deletério de compostos estranhos, incluindo extractos de plantas, nos constituintes sanguíneos de um animal (Ashafa *et al.,* 2009). No entanto, os índices bioquímicos monitorizados para o fígado e o soro são marcadores úteis para estimar as capacidades funcionais de um órgão (Afolayan e Yakub 2009) . Além disso, o fígado é o primeiro órgão a encontrar os nutrientes ingeridos, os medicamentos e os tóxicos ambientais que entram na veia porta hepática a partir do sistema digestivo. As suas funções podem ser extremamente afectadas por lesões resultantes de uma exposição grave ou crónica a substâncias tóxicas (Shyamal *et al.*, 2010) . Assim, o rastreio da toxicidade das plantas, com o objetivo de determinar a sua segurança, parece ser promissor, uma vez que a toxicidade resultante de uma dose excessiva dos princípios activos presentes na planta pode mesmo levar à morte.

1.2. História das plantas medicinais

As plantas desempenharam e ainda desempenham um papel importante na medicina desde os primeiros períodos da história; são facilmente obtidas e têm uma ligação intrincada com a dieta e a cura. Foi através da observação e da experimentação que se soube que as plantas promoviam a saúde e o bem-estar. Muitas plantas, utilizadas atualmente, foram testadas no terreno há centenas e mesmo milhares de anos (Hostettmann, *et al.*,2002).

Desde a pré-história que os povos de todos os continentes utilizam centenas ou milhares de plantas indígenas para o tratamento de doenças. Foram encontradas ervas medicinais nos objectos pessoais de Otzi, o homem do gelo, cujo corpo foi encontrado congelado nos Alpes suíços há mais de 5.300 anos. Foi sugerido que as ervas eram usadas para tratar os parasitas encontrados nos intestinos do homem do gelo. Os antropólogos teorizam que os animais desenvolveram uma tendência para procurar partes de plantas amargas em resposta a doenças (Tapsell *et al.,* 2006).

Nos registos escritos, o estudo das ervas remonta a mais de 5 000 anos, durante a era dos sumérios, descrevendo aplicações medicinais bem estabelecidas para plantas como o louro, o cominho e o tomilho. A medicina egípcia antiga (1000 a.C.) indicava a utilização de alho, ópio, óleo de rícino, coentros, hortelã, anil e outras ervas para fins medicinais; enquanto os herboristas indianos antigos descreviam outras ervas como charaka e sushruta durante o 1.º milénio a.C. (Girish e Shridhar 2007).

As práticas medicinais dos gregos e dos romanos, tal como são preservadas nos escritos de Hipócrates e Galeno, constituíram a base da medicina ocidental. Hipócrates defendia a utilização de algumas misturas simples de medicamentos à base de plantas, incluindo ingredientes vegetais, animais e minerais. (Castleman *et.al,* 2001). Também referiu que os médicos gregos compilaram o primeiro tratado europeu sobre as propriedades e utilizações das plantas medicinais (*De Materia Medica).*

th As escolas de medicina, conhecidas como Bimaristan, começaram a surgir a partir do século XIX no mundo islâmico medieval, entre os persas e os árabes, que eram geralmente mais avançados do que os da Europa medieval nessa altura. Os árabes veneravam a cultura e o saber greco-romanos e traduziram dezenas de milhares de textos para árabe (Castleman *et.al.,* 2001).

Enquanto cultura comercial, os viajantes árabes tinham acesso a materiais vegetais de locais distantes como a China e a Índia. Ervas medicinais, textos médicos e traduções dos clássicos da Antiguidade foram sendo filtrados de Oriente para Ocidente.

Os botânicos e médicos muçulmanos expandiram significativamente o conhecimento anterior da *DE Materia Medica;* por exemplo, AL Dinawari descreveu mais de 637 drogas vegetais no século XI (Fahd e Tufic, 1996). Ibn al-Bitar, no século XIII (th), descreveu mais de 1400 plantas, alimentos e medicamentos diferentes, mais de 300 dos quais eram descobertas originais suas (Diane-Boulanger, 2002).

thNo século XIX, os cientistas tratavam a malária com quinino extraído da casca da árvore cinchona.

No passado, as pessoas dependiam exclusivamente de remédios à base de plantas ou da medicina tradicional. Também utilizavam algumas plantas silvestres para cosméticos e perfumaria, extraindo os óleos com métodos primitivos. No entanto, nos últimos anos, as plantas medicinais tornaram-se uma fonte primária de saúde para a indústria farmacêutica. Preparações de infusões e decocções em grandes quantidades; tanto nos países onde a medicina tradicional ainda tem grande importância terapêutica, social e económica, como na produção de produtos farmacêuticos importantes no estrangeiro (Eltohami, 1997).

1.3. Utilização mundial de plantas medicinais

A utilização de plantas medicinais como fonte de alívio de doenças pode ser rastreada até às primeiras civilizações da China, Índia e Próximo Oriente; mas é sem dúvida uma arte tão antiga como a humanidade (Thomson, 1978). Os Neandertais que viviam há 60.000 anos no atual Iraque utilizavam plantas como o azevinho (Stackwell, 1988); que ainda são amplamente utilizadas em etanomedicina em todo o mundo.

A medicina à base de plantas é um componente importante em todas as práticas dos povos indígenas. A medicina tradicional é um elemento comum na medicina ayurvédica, homeopática, naturopática, oriental tradicional e dos índios americanos. A OMS observa que, de 119 medicamentos farmacêuticos derivados de plantas, cerca de 74% são utilizados na medicina moderna de formas diretamente correlacionadas com as suas utilizações tradicionais como medicamentos nas culturas nativas. As principais empresas farmacêuticas estão atualmente a realizar uma extensa investigação sobre materiais vegetais colhidos nas florestas tropicais e noutros locais, devido aos seus potenciais valores medicinais (OMS, 2003).

A fitoterapia pode ser classificada, em termos gerais, em vários sistemas básicos:

1) A Fitoterapia Tradicional Chinesa, que faz parte da Medicina Tradicional Oriental.

2) Herbalismo Ayurvédico, que deriva da Ayurveda.

3) Herbalismo ocidental, que veio originalmente da Grécia e Roma para a Europa e depois se espalhou para a América do Norte e do Sul.

Nos últimos anos, o interesse pela utilização de ervas aromáticas tem vindo a aumentar nos Estados Unidos, devido às histórias de sucesso relatadas (Hostitmannet *al.,* 2002).

Do total de 422 000 plantas com flor registadas em todo o mundo, mais de 50 000 são utilizadas para fins medicinais (Schippmann *et al.,* 2002).

A China, ao longo da sua longa história, acumulou um rico conjunto de conhecimentos empíricos sobre a utilização de plantas medicinais para o tratamento de várias doenças. Os estudos químicos das plantas medicinais chinesas forneceram uma base material valiosa para a descoberta e o desenvolvimento de novos medicamentos de origem natural (Thomson, 1978).

Na Índia, mais de 43% do total de plantas com flor foram consideradas como tendo importância medicinal (Pushpangadan, 1995). Nas zonas interiores dos Himalaias ocidentais, as plantas tornaram-se a única fonte de medicina e bem-estar. No entanto, não foram documentadas informações sobre a utilização de plantas como medicamentos tradicionais em várias zonas interiores dos Himalaias Ocidentais, como Chhota Bhangal.

Devido ao afastamento e à falta de recursos 6

instalações de saúde, a dependência de plantas para medicina é muito elevada (Sanjay *et al.* 2006). Muitos remédios tradicionais africanos tiveram um bom desempenho em testes laboratoriais iniciais para garantir que não são tóxicos para os animais. A Gawa, uma erva utilizada em tratamentos tradicionais, foi testada em ratos por investigadores da Universidade de Jos da Nigéria e do Instituto Nacional de Investigação e Desenvolvimento Farmacêutico. De acordo com a investigação publicada no African Journal of Biotechnology, a Gawa passou nos testes de toxicidade e reduziu a febre, a diarreia e as inflamações induzidas (Schippmann *et al.,* 2002).

Para além da utilização no mundo em desenvolvimento, a fitoterapia é utilizada nos países industrializados por médicos de medicina alternativa, como os naturopatas. Ernst (1998) realizou um inquérito a ervanários no Reino Unido e concluiu que muitas das ervas por eles recomendadas eram utilizadas tradicionalmente, mas não tinham sido avaliadas em ensaios clínicos.

Na Austrália, um inquérito mostrou que estes herboristas ocidentais tendem a prescrever combinações líquidas de ervas em vez de comprimidos de ervas individuais (Casey *et al.,* 2007). Embora centenas de espécies de plantas tenham sido testadas quanto às suas propriedades antimicrobianas, a grande maioria das plantas não foi adequadamente avaliada. Tendo em conta o vasto potencial das plantas como fontes de medicamentos antimicrobianos, foram realizadas investigações para analisar as actividades antibacterianas e antifúngicas da flora local. A investigação mostrou a utilização da decocção da casca de *Acacia nilotica* como gargarejo e dos seus botões em doenças urinárias.

As raízes de *Sida cardifolia* L. são utilizadas como analgésicos, perturbações nervosas, coriza e doenças cardíacas. Além disso, o caule de *Tinspora cordifolia* (selvagem) foi utilizado como ingrediente em preparações ayurvédicas para debilidade geral, elyspesia, febres e doenças urinárias (Mahesh e Statish, 2008). A maioria dos produtos dermacêuticos é derivada de extractos de algas que são ricos em minerais e no grupo da vitamina B. Os produtos de cuidados da pele, como cremes para a pele, tónicos para a pele, etc., que são derivados de plantas medicinais, são agrupados como produtos dermacêuticos (Da silva e Hoareau, 1999).

1.4. Plantas medicinais do Sudão e seus usos folclóricos

O clima do Sudão varia entre zonas completamente áridas e subtropicais, com uma vasta gama de regiões bioclimáticas, desde os desertos quase estéreis no norte até às florestas húmidas subtropicais no extremo sul do país e em partes do Estado do Nilo Azul (após a secessão da República Sul do Sudão). A investigação sobre plantas medicinais e aromáticas começou há muito tempo, mas foi efectuada de forma dispersa e não estruturada até à criação, em 1972, do Instituto de Investigação de Plantas Medicinais e Aromáticas (Eltohami, 1997).

A utilização de plantas medicinais no Sudão é um produto final das antigas culturas egípcia, árabe, islâmica e africana. Muitas plantas locais utilizadas para curar doenças foram transmitidas oralmente de geração em geração. A utilização de medicamentos à base de plantas no Sudão tem um papel significativo, especialmente nas populações rurais (Galal *et al.*, 2002).

O Sudão é rico em inúmeras espécies de flora devido às diversas condições climáticas e de solo nas diferentes regiões ecológicas. As medicinas tradicionais desempenham um papel muito importante no sistema de cuidados de saúde no Sudão, uma vez que o acesso a hospitais e outras instalações médicas é limitado e uma grande percentagem da população é nómada, que ainda depende dos curandeiros tradicionais locais. Como em muitos outros países, a biodiversidade no Sudão ainda se mantém nalgumas partes, que são conhecidas pela presença de muitas espécies que se caracterizam pela sua cura indiscutível para um grande número de doenças (Oumzil *et al.*, 2002).

De facto, poucos destes foram completamente analisados quanto aos seus ingredientes químicos activos, enquanto a grande maioria ainda está inexplorada e necessita de mais investigações fitoquímicas das suas actividades biológicas (Koko, *et al.*,2000).

ElKamali e Khalid (1998) recolheram e estudaram os remédios herbáceos mais comuns na província de Dongola (atualmente no Estado do Norte); enquanto Doka (2001) estudou a utilização de plantas medicinais na região ocidental do Cordofão. Khalid *et al.* (2002) estudaram algumas plantas africanas quanto às suas actividades antimicrobianas. Além disso, foram realizados muitos percursos em colecções de plantas e documentação de dados abrangentes sobre plantas medicinais do Sudão com referência à sua taxonomia e utilizações folclóricas. Os constituintes químicos de algumas destas plantas foram estudados com sucesso (ElGazali *et al.,* 1987 e 1997). Além disso, a planta *Vernomia amygdalin*, que é utilizada na medicina tradicional nos Montes Nuba, foi investigada por Al Magboul (1992), que conseguiu isolar dois novos compostos com atividade antibacteriana e antifúngica semelhante à da amiciclina, neomicina e anfotericina B.

1.5. Capparáceas

Capparaceae, vulgarmente conhecida como a família do Cobre, é uma família de plantas da ordem Brassicales que contém 33 géneros e cerca de 700 espécies. Os géneros mais importantes são Capparis (cerca de 150 espécies), Maerua (100 espécies), Boscia (37 espécies) e Cadaba (30 espécies). A família inclui arbustos e árvores de folha perene, com tricomas ramificados ou simples. A família foi considerada há muito tempo como intimamente relacionada e foi incluída na família da mostarda Brassicaceae (APG,1998); uma vez que ambos os grupos produzem compostos de glucosinolato como o óleo de mostarda (Hall *et al.*,2002 ,2008). Acrescentou ainda que muitas espécies têm compostos tóxicos, algumas espécies são consumidas e outras são utilizadas na medicina popular.

1.5.1. Planta utilizada neste inquérito

Nome científico: *Maeruapseudopetalosa* (Glig e Bened.) DeWolf. Sinónimo: *Courbonia virgata,* Brongn.

Nome vernáculo: Árabe: Kordale (Sudão, região dos Montes Nuba) Dinka: Amyok e Mayook (Sul do Sudão)

1.5.2. Classificação

Reino Unido : Plantae

Filo : Magnoliophyta

Classe : Magnoliopsida

Ordem : Capparales

Família : Capparaceae

Género : Maerua

1.5.3. Distribuição

Ocorre no Senegal, Norte da Nigéria e estende-se até ao Sudão (Sul do Nilo Azul e Montanha Noba), Etiópia, Somália e para Sul até ao Uganda (Burkill, 1985) e também na Índia tropical e subtropical (Rajish *et al.*, 2009).

1.5.4. Descrição botânica

Arbusto glabro, glauco ou subarbusto com ramos virgens folhosos; flores axilares, solitárias, folhas glaucas, elípticas a ovadas. Fruto glaboso (Broun e Massy1929).

1.5.5. Utilizações

Na Somália, a folhagem é um alimento muito apreciado pelas cabras. Em parte da República do Sul do Sudão, a planta é consumida mas apenas como alimento para a fome, após cuidadosas preparações para remover os princípios tóxicos. O fruto é consumido no Sudão sob a crença de que proporciona força física e as raízes são utilizadas para fazer bebidas doces. Na Nigéria, os frutos e as raízes são utilizados em aplicações tópicas no peito para curar a tosse. A raiz pode ser usada para purificação e armazenamento de água em zonas rurais (Burkill, 1985). No entanto, a sua utilização para curar tumores é praticada na parte sul do Estado do Nilo Azul. Alguns membros da mesma família são conhecidos por serem usados extensivamente para o aumento da resistência não especificada de efeitos antibacterianos e estimulantes imunitários (Rajesh *et al.*, 2009).

1.5.6. Componentes químicos

O princípio tóxico conhecido como tetramina (tetramethyl ammonium lodide) está presente na raiz tuberosa, na raiz e na folha. O exame preliminar do extrato de tubérculo para alcalóides deu resultados negativos e não foi possível encontrar provas da presença de um glucósido (Henry, 1947). A prolina betaína e a 3-hidroxil prolina betaína foram detectadas nas espécies de Capparis e Maerua. A presença de éster etílico de prolina betaína e de sais de tetrametil amonuim restringiu-se às quatro espécies de Maerua anteriormente classificadas como Courbonia (William *et al.*, 1996) e esteve completamente ausente noutras *espécies de Maerua.* Este facto é considerado como uma forte evidência do estatuto genético de Courbonia.

1.6. Ingredientes activos de produtos vegetais

Muitas plantas sintetizam substâncias que são úteis para a manutenção da saúde dos seres humanos e dos animais. Estas incluem substâncias aromáticas que são, na sua maioria, fenóis ou os seus derivados substituídos por oxigénio, como os taninos. Muitos são metabolitos secundários, dos quais pelo menos 12.000 foram isolados; um número que foi estimado em menos de 10% do total. Em muitos casos, substâncias como os alcalóides servem como mecanismos de defesa das plantas contra a predação por microrganismos, insectos e herbívoros. Muitas das ervas e especiarias utilizadas pelo homem para temperar os alimentos contêm compostos medicinais úteis (Lia e Roy, 2004 e Tapsell *et al.,* 2006).

Todas as plantas produzem compostos químicos como parte das suas actividades metabólicas normais. Estes são arbitrariamente divididos em metabolitos primários, como açúcares e gorduras, encontrados em todas as plantas, e metabolitos secundários (compostos não essenciais para a função básica) encontrados numa gama mais pequena de plantas (Lia e Roy, 2004).

Os medicamentos de origem vegetal têm servido de base no tratamento de várias doenças e na preservação da saúde humana. No entanto, a sua aceitabilidade geral tem sido limitada pela falta de um regime de dose e de dados de toxicidade adequados para avaliar a sua segurança (Pousset, 1988). As plantas medicinais contêm normalmente vários compostos farmacologicamente activos diferentes que podem atuar individualmente, de forma aditiva ou sinérgica para melhorar a saúde (Aziazeh *et al.,* 2005). Sabe-se que os amargos, por exemplo, estimulam a digestão, enquanto os compostos fenólicos podem ser responsáveis pela atividade anti-inflamatória e anti-oxidativa dos extractos de plantas. Existe um interesse contínuo na avaliação de produtos naturais como potenciais agentes quimioterapêuticos. Este facto foi encorajado pelo isolamento de fitoquímicos em plantas que poderiam tornar-se fármacos importantes na medicina moderna (Wintola *et al.,* 2010). As plantas produzem compostos bioactivos que actuam como mecanismos de defesa contra predadores e, ao mesmo tempo, podem ser tóxicos na natureza (Da Roch *et al.*, 2002; Bents, 2004). Com o aumento do interesse nas plantas medicinais, há necessidade de investigações científicas exaustivas destas plantas, tanto em termos de eficácia como de toxicidade potencial (Ashafa *et al.,* 2010).

1.6.1. Atividade antibacteriana

As investigações anteriores sobre produtos naturais contribuíram muito para o desenvolvimento da investigação sobre plantas medicinais e aumentaram o conhecimento sobre a estreita relação entre a estrutura química de um determinado composto e as suas propriedades biológicas. Consequentemente, as plantas medicinais tornaram-se fontes importantes para o estudo das suas utilizações tradicionais através da verificação dos seus efeitos farmacológicos. Os produtos naturais são também conhecidos por desempenharem papéis importantes nos programas de desenvolvimento de medicamentos na indústria farmacêutica (Baker *etal.,* 1995).

As plantas com possível atividade antimicrobiana devem ser testadas contra um modelo microbiano adequado para confirmar a sua atividade. Foram envidados muitos esforços para descobrir novos compostos antibacterianos a partir de vários tipos de plantas (Rahman e Rashid, 2008). A prevalência crescente de estirpes de bactérias multirresistentes e o aparecimento recente de estirpes com suscetibilidade reduzida aos antibióticos aumenta o espetro de infecções bacterianas não tratáveis e torna urgente a procura de novas estratégias de combate às infecções (Sieradski, *et al.,* 1999).

Janovska *et al.* (2003) investigaram os efeitos antibacterianos de extractos etanólicos brutos de diferentes partes de dez plantas, que tinham sido descritas em livros de ervas e medicina popular da China, contra quatro estirpes bacterianas. Os resultados mostraram que 5 extractos exibiram graus de efeitos antimicrobianos contra os quatro microrganismos testados.

Priscila *et al.* (2007) estudaram a atividade antibacteriana de quatro extractos de metanol de algumas plantas medicinais contra quatro espécies bacterianas. Um extrato de planta exibiu a maior atividade antibacteriana e foi eficaz contra todas as estirpes bacterianas testadas.

Os resultados da utilização de clorofórmio, etanol e extractos aquosos de três *espécies de Solanum* reflectiram diferentes graus de atividade antibacteriana, tal como referido por Mubarak (2005).

Al Magboul *et al.* (1985 e 1987) estudaram, intensivamente, 102 e 198 extractos pertencentes a 33 espécies de plantas utilizadas na medicina tradicional no Sudão; contra quatro espécies bacterianas. Ela relatou que 87 dos 102 (85%) extractos e 134 dos 198 extractos (68%) exibiram efeitos contra um ou mais dos microrganismos.

Ali *et al.* (2001) analisaram extractos etanólicos de 20 espécies vegetais selecionadas de plantas medicinais iemenitas, 14 das quais apresentaram graus variáveis de atividade antibacteriana contra bactérias Gram-positivas e Gram-negativas. Além disso, Matu e Staden (2003) analisaram extractos aquosos, hexânicos e metanólicos de 12 espécies de plantas tradicionalmente utilizadas no Quénia para o tratamento de doenças infecciosas causadas por bactérias Gram-positivas.

1.6.1.1. Estirpes bacterianas

Foram utilizadas quatro estirpes bacterianas diferentes nesta investigação, nomeadamente:

1- *Bacillus cereus*

O Bacillus cereus pertence às Bacillaceae, que são bactérias Gram-positivas, em forma de bastonete e aeróbicas. Algumas estirpes são nocivas para os seres humanos e causam doenças de origem alimentar, enquanto outras estirpes podem ser benéficas como probióticas para os animais (Ryan e Ray, 2004).

2- *Escherichia coli*

É uma bactéria gram-negativa, em forma de bastonete, que se encontra no intestino delgado de organismos com sangue de vermes e pertence à família Enterobacteriaceae (Ryan e Ray, 2004). A maioria das estirpes de *E. coli* são inofensivas, mas algumas podem causar intoxicações alimentares graves nos seres humanos. As estirpes inofensivas fazem parte da flora normal do intestino e podem beneficiar os seus hospedeiros produzindo vitamina k2 ou impedindo o estabelecimento de bactérias patogénicas no intestino (Hudaults *et al.,* 2001). *As E. coli* são anaeróbias facultativas, possuem flagelos, podem nadar e os flagelos têm uma disposição peritríquios. *A E. coli* utiliza a fermentação ácida mista, produzindo lactato, succinato, etanol, acetato e dióxido de carbono (Vogot e Dippold, 2005).

3- *Salmonella typhi*

Família Enterobacteriaceae, Gram-negativos, aeróbicos, bastonetes, móveis, fermentam hidratos de carbono e a maioria dos açúcares como a glucose, nocivos para os seres humanos e animais, causando febre entérica (Balows *et al.* 1991).

4- *Staphylococcus aureus*

S. aureus é um membro da família Micrococaceae, Gram - positivo, Cocci, anaeróbio facultativo, patogénico para o ser humano, forma colónias douradas e amarelas, é hemolítico e produz invariavelmente a enzima coagulase (Balows *et al.* 1991).

1.7.2. Atividade antifúngica

Foram realizados muitos estudos experimentais sobre a atividade antifúngica de várias plantas medicinais. O extrato aquoso de 14 plantas foi analisado quanto à sua atividade antifúngica contra 23 isolados fúngicos, dos quais 4 plantas demonstraram um forte potencial antifúngico global (Duncan *et al.*, 2008). Os extractos de etanol de diferentes partes de plantas foram testados contra 11 agentes patogénicos fúngicos, 2 dos quais demonstraram um amplo espetro de atividade (Sharma, *et al.*, 2008).

Um total de 16 extractos de etanol de 10 espécies de plantas diferentes foram investigados contra *Candida albicans,* os resultados mostraram que a maioria dos extractos possuía efeitos inibitórios (Janovsk *et al.*, 2003). Os extractos de metanol de 22 plantas medicinais da Malásia foram testados quanto à sua atividade antifúngica contra quatro espécies de leveduras patogénicas (Darah *et al.,* 2006). Os extractos estudados apresentaram actividades antifúngicas notáveis e significativas contra 3 estirpes de *C. ablicans*.

Os extractos de folhas em metanol de algumas plantas indianas mostraram efeitos inibitórios elevados contra *A. flavus* (Mahesh e Satish, 2008). Além disso, os extractos de metanol de 9 plantas medicinais indianas pertencentes a 9 famílias diferentes foram avaliados quanto à atividade antifúngica *in vitro* contra algumas leveduras (incluindo *Candida albicans, Glabrata tropicalis)* e outros fungos, tais como *Aspergillus candidus, A flavus, A. niger* e *Mucor heimalis. A. flavus* foi descrita como a estirpe fúngica mais suscetível, enquanto *C. albicans* foi considerada a mais resistente (Jigna e Chanda, 2008).

1.7.2.1. Espécies de fungos

Foram utilizadas três estirpes diferentes de fungos nesta investigação:

1. *Aspergillus flavus*

É um membro da família Trichocomaceae (bolor comum no ambiente) e pode causar problemas de armazenamento em grãos armazenados. Também pode causar doenças humanas e muitas estirpes produzem quantidades significativas de aflatoxina (Klich, 2007). *O A. flavus* é o segundo agente mais comum da asperilose. Pode invadir as artérias do pulmão ou do cérebro e causar infração. Também produz aflatoxina, que é um dos agentes etiológicos do carcinoma hepatocelular (Grawford, 2005). O A. *flavus* desenvolve-se como um bolor amarelo-esverdeado em cultura. Tal como outras *espécies de Aspergillus*, produz um conidióforo caraterístico composto por um longo pedúnculo que suporta uma vesícula insuflada.

2. *Aspergillus fumigatus*

É um fungo da família Trichocomaceae e é uma das espécies de *Aspergillus* mais comuns a causar doenças em indivíduos imunocomprometidos.

O A. fumigatus é um saprótrofo muito difundido na natureza, normalmente encontrado no solo e em matéria orgânica em decomposição, como pilhas de composto, onde desempenha um papel essencial na reciclagem de carbono e azoto. Durante muitos anos, pensou-se que se reproduzia apenas assexuadamente, uma vez que nunca se tinha observado nem o acasalamento nem a meiose. No entanto, O'German (2008) demonstrou que *A. fumigatus* possui um ciclo de reprodução sexual totalmente funcional.

O fungo é capaz de crescer a 37° C (temperatura do corpo humano), e pode crescer a temperaturas até 50° C, com conídios sobrevivendo a 70° C, sendo regularmente encontrado em pilhas de composto auto-aquecido. Os seus esporos estão omnipresentes na atmosfera e estima-se que toda a gente inala várias centenas de esporos por dia. Normalmente, estes são rapidamente eliminados pelo sistema imunitário em indivíduos saudáveis.

Em indivíduos imunocomprometidos, como os receptores de transplantes de órgãos e as pessoas com SIDA ou leucemia, o fungo é capaz de se tornar patogénico, ultrapassando as defesas enfraquecidas do hospedeiro e causando uma série de doenças geralmente designadas por asperigilose. Quando se analisou o caldo de fermentação de *A. fumigatus*, descobriu-se uma série de alcalóides indólicos com propriedades anti-mitóticas (Cui., 1996). Os compostos de interesse pertenciam a uma classe conhecida como tripro estatina B.; sendo de especial interesse como medicamento anti-cancerígeno.

3. *Candida albicans*

Pertence à família Saaccharomycetaceae, os membros desta família são imperfeitos, dimórficos, produzem pseudo-hifas e micélios a partir de colónias cremosas e fermentam a glucose e a maltose, produzindo ácidos e gases, mas não atacam a lactose. *A Candida albicans* é um fungo diploide (uma forma de levedura) e um agente causal de infecções orais e genitais oportunistas no ser humano (Ryan e Ray, 2004). Vive em 80% da população humana sem efeitos nocivos, embora o crescimento excessivo resulte em candidíase que contribui para muitas síndromes como ansiedade, depressão, défice de atenção e alguns problemas de memória e aprendizagem (Green wood, 1992).

1.8. Fitoquímica

A fitoquímica ocupa-se da análise de substâncias químicas de origem vegetal denominadas produtos naturais. Sabe-se que muitos deles proporcionam proteção contra ataques de insectos e doenças das plantas. Com técnicas melhoradas de isolamento e espetrometria, um número crescente de constituintes activos foi isolado, caracterizado estruturalmente e muitos foram sintetizados em laboratório (Mohammed, 2005).

São utilizados diferentes métodos para a separação, purificação e identificação dos muitos constituintes presentes nas plantas. São geralmente utilizados testes químicos e técnicas cromatográficas (Gentil *et al.,* 2005).

1.9 Teste de toxicidade

Os estudos de toxicidade por dose repetida em animais são normalmente necessários para avaliar as caraterísticas tóxicas de uma substância química, resultantes da exposição repetida durante um período de tempo limitado. Os estudos de toxicidade por dose repetida são efectuados depois de terem sido obtidas informações iniciais sobre a toxicidade através de ensaios de toxicidade aguda. A duração da exposição depende normalmente da natureza da substância química e das circunstâncias prevalecentes (Chinoy *et al.,* 1997).

Os casos de envenenamento registados têm sido difíceis de diagnosticar porque os sintomas são sinais gerais diferentes dos da maioria dos envenenamentos do sistema nervoso central. Os sinais incluem dores abdominais, náuseas, vómitos e diarreia com sangue. O coração é o principal órgão afetado pelo envenenamento por oleandro e, em casos graves, a falha do músculo cardíaco leva à morte (Sarah, 2000).

O envenenamento por oleandro ocorre em todo o mundo devido ao seu habitat generalizado e não é infrequente no homem e nos animais domésticos. Foram registados casos de toxicose acidental em adultos e crianças (Haynes *et al.,* 1985). Em ensaios com ratos, doses orais diárias de extractos de benzeno e de álcool do fruto *da Carica papaya* (20 mg/kg de peso corporal durante 30 dias) não afectaram o peso corporal ou dos órgãos reprodutores nem afectaram negativamente as funções hepáticas ou renais. No entanto, os extractos aquosos (1mg/kg de peso corporal durante 7 dias ou 15 dias) e os extractos de benzeno administrados por via oral a ratos fêmeas causaram infertilidade e ciclo estral irregular. Os ratos machos que receberam extractos de sementes de etanol por via oral (10 ou 50 mg/dia durante 30, 60 ou 90 dias) tiveram uma diminuição da motilidade dos espermatozóides. As doses orais também diminuíram a massa dos testículos e a contagem de espermatozóides. Estudos com extractos aquosos de sementes também diminuíram a fertilidade em ratos machos (Chinoy *et al.,* 1996 e 1997).

O acetaminofeno, um analgésico, é um dos medicamentos mais utilizados no mundo. As suas doses excessivas provocam lesões hepáticas no ser humano e em várias espécies animais. Quarenta e oito horas após a injeção de partículas cristalinas (tamanho normal e reduzido do fármaco), o efeito da toxicidade hepática foi comparado através da determinação da enzima transferase hepática. A análise estatística mostrou que a toxicidade da acetaminofena de tamanho reduzido era significativamente clara quando comparada com a da acetaminofena necrótica de tamanho normal (Biazar *et al.,* 2010).

1.10. Citotoxicidade

Meyer *et al.,* (1982) afirmaram que os compostos bioactivos são frequentemente tóxicos para as larvas de camarão. O ensaio também foi sugerido para o rastreio da atividade farmacológica de extractos de plantas (Mclaughin *et al.,* 1991 e Solis *et al.,* 1993). Os ovos da artémia *Artemia salina* (Leach.) estão facilmente disponíveis como alimento para peixes em muitas zonas costeiras. Quando colocados em água do mar artificial, os ovos eclodem em 48 horas, fornecendo um grande número de larvas. Estas minúsculas larvas de camarão têm sido amplamente utilizadas como instrumento de monitorização da citotoxicidade.

Por conseguinte, Meyer *et al.* (1982) sugeriram um bioensaio geral rápido, barato e interno, que tinha sido desenvolvido para o rastreio, fracionamento e monitorização de produtos naturais fisiologicamente activos.

Foi encontrada uma boa relação, em termos farmacológicos, com o teste de letalidade da artémia e a deteção de compostos antitumorais em extractos de plantas terrestres (Meyer *et al.,* 1982 e Solis *etal.*,1993). O extrato poderia conter agentes antitumorais, uma vez que a DL. obtida é inferior à norma estabelecida pelo Instituto Nacional do Cancro dos Estados Unidos (Mojica e Jose, 2007).

Os animais de cultura podem ser mais adequados para fazer face às necessidades da investigação científica básica, devido à sua baixa variabilidade genética intrínseca e consequente homogeneidade (Moshi *et al.,* 2006).

1.11. Objectivos

Os objectivos deste livro são os seguintes

1- Fazer um rastreio fitoquímico das principais classes de metabolitos secundários encontrados nos extractos de *M. pseudopetalosa.*

2- Determinar a bioatividade dos extractos *de M. pseudopetalosa* em bactérias e fungos padrão e patogénicos selecionados.

3- Examinar a toxicidade de diferentes doses de extractos solventes (acetato de etilo e etanol) da raiz tuberosa *de M. pseudopetalosa* em ratos Wistar, a fim de avaliar as alterações nos parâmetros bioquímicos, heamatológicos e alterações histopatológicas.

4- Fracionamento e caraterização do(s) composto(s) e exame das suas actividades biológicas em larvas de artémia. Além disso, as fracções bioactivas foram submetidas a análise GC/MS.

CAPÍTULO 2

2. MATERIAIS E MÉTODOS

2.1 Materiais vegetais

A planta objeto de investigação *(M. pseudopetalosa) foi* colhida em Aaly Al Neel (República do Sudão do Sul) e foi autenticada no Departamento de Botânica pelo Prof. Hatil.H. Alkamali, Universidade Islâmica de Omdurman.

2.2 Preparação de extractos brutos de plantas

O material vegetal foi seco ao ar, moído até à forma de um pó grosseiro e 150 gramas de cada parte da planta foram extraídos utilizando solventes sucessivos de polaridades crescentes (clorofórmio, acetato de etilo e etanol). Os materiais vegetais foram embebidos e agitados durante a noite num agitador, depois filtrados, evaporados até à secura sob pressão reduzida num evaporador rotativo e pesados. Foram utilizadas três réplicas para cada amostra.

2.3 Métodos microbianos

Os extractos brutos das diferentes partes da planta foram submetidos a testes antibacterianos e antifúngicos.

2.3.1 Estirpes bacterianas

As estirpes bacterianas utilizadas para o rastreio antibacteriano neste estudo foram obtidas no Laboratório Nacional de Saúde (N.H.L.). Khartoum, Sudão. Estas estirpes são:

1- Bacillus cereus(B. cereus), estirpe isolada

2- Escherichia coli (E. coli), ATCC* 25922 - estirpe padrão

3- Salmonella typhi (S. typhy), estirpe isolada

4- Staphylococcus aureus (S. aureus), estirpe padrão ATCC* 25923 *ATCC: American Type Culture Collection

2.3.2 Espécies de fungos

As seguintes espécies de fungos foram utilizadas para o rastreio antifúngico. Foram obtidas no Laboratório Nacional de Saúde (N.H.L.). Cartum, Sudão.

Aspergillus flavus (espécie isolada).

Aspergillus fumigatus (espécie isolada).

Candida albicans (espécie isolada).

2.3.3. Preparação dos meios de cultura

2.3.3.1. Meios de cultura para crescimento antibacteriano

Os meios utilizados para o rastreio antibacteriano foram o ágar nutriente e o caldo nutriente.

1. Preparação de ágar nutriente

O ágar nutriente foi preparado dissolvendo 23 gramas num litro de água destilada e esterilizado por autoclavagem a 121 C° e a uma pressão atmosférica de 15 libras durante 15 minutos.

2. Preparação de meios de cultura de nutrientes

O caldo nutritivo (13 gramas) foi dissolvido num litro de água destilada e esterilizado por autoclavagem a 121 C° e pressão atmosférica de 15 libras durante 15 minutos.

3. Preparação da solução salina normal

Foi preparada dissolvendo 8,5 gramas de NaCl num litro de água destilada. A solução foi esterilizada em autoclave.

4. Preparação de suspensões bacterianas

O caldo nutriente esterilizado (250 ml) foi inoculado com uma ansa cheia da cultura bacteriana num frasco cónico e mantido à temperatura ambiente durante 24 horas. O crescimento bacteriano foi demonstrado pela turvação do caldo nutriente. A diluição da concentração bacteriana foi efectuada tomando um ml da suspensão bacteriana em 9 ml de solução salina normal num tubo de ensaio esterilizado. Esta suspensão contém normalmente 10^8 -10^9 unidades formadoras de colónias por ml (CFU/ml). De duas em duas semanas, foi preparada uma nova suspensão de reserva.

2.3.4 Ensaio da atividade antibacteriana

O método de difusão em ágar-placa (Kavanagh, 1972) foi adotado para avaliar a atividade antibacteriana dos extractos. Dois ml das suspensões bacterianas padronizadas foram misturados cuidadosamente com 250 ml de ágar nutriente. Alíquotas do ágar inoculado

(20-25 ml) foram distribuídas em placas de Petri estéreis. Deixou-se o ágar assentar e fizeram-se 2-4 poços (7 mm de diâmetro) com uma broca de cortiça esterilizada (n.º 7). Os extractos brutos de plantas foram dissolvidos em etanol e foram feitas três concentrações (50, 100 e 200 mg/ml). Em seguida, foram colocados 0,1 ml de cada concentração em cada um dos poços, deixando um poço para ser preenchido com 0,1 ml de etanol como controlo.

O efeito dos extractos e do controlo no crescimento bacteriano foi registado após 18-24 horas, medindo os diâmetros da zona de inibição para cada tratamento.

2.3.5. Atividade contra fungos filamentosos

2.3.5.1. Preparação dos meios de cultura

O meio de ágar batata dextrose (PDA) foi preparado dissolvendo 39 gramas e 500 mg de cloranfenicol num litro de água destilada. Foram esterilizadas porções de dez ml do meio preparado em frascos de 30 ml. As culturas fúngicas foram mantidas no meio PDA como declives e incubadas durante cerca de sete dias para as *espécies de Aspergillus* e dois dias para *C. albicans.* O crescimento fúngico foi lavado com 100 ml de solução salina normal estéril e, em seguida, as suspensões foram mantidas a 4C° até à sua utilização.

2.3.5.2. O método do meio líquido para a atividade antifúngica

Este método foi efectuado apenas para os dois fungos Aspergillus, tal como descrito por Mohammed (2007).

O meio líquido CZAPEK DOX foi preparado dissolvendo 33,4 gramas do pó num litro de água destilada e foi esterilizado em tubos de ensaio grandes; 20 ml em cada tubo. Aos 20 ml do meio foram adicionados 0,1 ml da suspensão fúngica. Foram utilizadas três concentrações dos extractos de plantas para testar os seus efeitos no crescimento completo dos 2 fungos.

2.3.5.3. Atividade contra fungos não filamentosos

O meio completo foi preparado dissolvendo 4 gramas de extrato de levedura, 10 gramas de extrato de malte e 4 gramas de glucose em litros de água destilada, tendo o pH sido ajustado para 5,5. Cem ml do meio foram colocados num balão de Ehrlenmeyer de 500 ml e inoculados com o organismo de ensaio correspondente. Seguiu-se a incubação num agitador rotativo (120 rpm) à temperatura ambiente durante 24 h. A cultura foi centrifugada em tubos Falcon estéreis de 10 ml. O sobrenadante foi eliminado e o resíduo foi ressuspendido em solução salina normal. As células foram agitadas em vórtex em cerca de 40 ml de solução salina estéril, centrifugadas e o sobrenadante foi eliminado. Finalmente, as células foram ressuspensas em solução salina normal estéril e a turvação foi ajustada para um O.D de 1,3 a 546nm.

Dois ml da suspensão preparada foram utilizados para inocular 200 ml de ágar fundido em frascos Erlenmeyer de 500 ml. O conteúdo dos frascos foi bem misturado e 10 ml de cada um dos meios inoculados foram vertidos assepticamente em placas de Petri. Os discos de papel de filtro (6 mm) foram carregados com 10 pl de cada um dos extractos, deixados a secar e colocados nas placas de ágar. As placas foram incubadas durante 24 h a 27 C° ou 37 C°, consoante o organismo testado (Fiedler, 2004). Os diâmetros das zonas de inibição do crescimento foram então medidos e registados.

2.4 Rastreio fitoquímico dos extractos

Foram utilizadas quatro técnicas fitoquímicas diferentes para a identificação dos diferentes componentes do extrato. Estas foram:

2.4.1 Testes químicos

O rastreio preliminar das principais classes de metabolitos secundários foi efectuado utilizando técnicas descritas por Harborne (1973).

1. Taninos

Colocaram-se dois ml de extrato de etanol num tubo de ensaio e adicionaram-se 2-3 gotas de solução de cloreto férrico a 5%. A formação de uma cor azul ou verde indica a presença de taninos.

2. Saponinas

Colocaram-se 5 ml dos extractos etanólicos num tubo de ensaio, adicionaram-se 5 ml de água, arrolhou-se o tubo e agitou-se vigorosamente. A formação de uma espuma persistente, que permanece estável durante pelo menos uma hora, indica a possível presença de saponinas.

3. Esteróis e triterpenos

Um grama de material vegetal em pó foi macerado com 20 ml de éter de petróleo durante seis horas, filtrado e o éter foi evaporado até à secura. Dissolveu-se o resíduo em 2 ml de anidrido acético, transferiu-se para um tubo de ensaio e verteu-se ácido sulfúrico concentrado, com precaução, ao longo do lado do tubo de ensaio. A possível presença de esteróis ou triterpenos é indicada pelo aparecimento imediato de uma cor violeta, no caso da presença de triterpenos, que muda para verde quando se mantém no caso dos esteróis.

4. Glicosídeos flavonóides

A deteção de glicosídeos flavonóides foi efectuada utilizando o seguinte procedimento:

Seis gramas de material em pó foram extraídos com 100 ml de metanol num aparelho Soxhlet durante três horas. O extrato de metanol foi evaporado até à secura utilizando um evaporador rotativo. O resíduo foi dissolvido em 50 ml de água destilada e filtrado. O extrato aquoso foi testado quanto à possível presença de glicosídeos da seguinte forma

1/ A 2 ml do extrato num tubo de ensaio, adicionaram-se 5 gotas de solução de cloreto férrico a 2% em metanol. A formação de uma cor verde indica a presença de compostos flavonóides.

2/ A 2 ml do extrato, adicionou-se um ml de solução de cloreto de alumínio a 1% em metanol. A formação de uma cor amarela indica a presença de compostos flavonóides.

3/ A adição de 1 ml de solução de hidróxido de potássio a 1% a 2 ml do extrato produz uma cor amarela brilhante que indica a presença de compostos flavonóides.

5. Alcalóides

Dez gramas do material vegetal em pó foram macerados com ácido acético a 10% em 50 ml de etanol aquoso a 80% e deixados em repouso durante 24 horas. Em seguida, foram filtrados e concentrados utilizando um evaporador rotativo. Pequenas porções do extrato concentrado foram colocadas em tubos de ensaio separados, aos quais foram adicionadas 2-3 gotas do reagente alcaloidal (Dragendorff). A porção restante do extrato foi alcalinizada com uma solução forte de amoníaco, deixada em repouso durante uma hora e filtrada. O resíduo foi seco ao ar e extraído com clorofórmio. O extrato clorofórmico foi evaporado até à secura e o resíduo foi dissolvido em alguns ml de metanol. A solução de metanol foi acidificada com ácido clorídrico diluído e testada para a presença de alcalóides. O teste é considerado positivo quando se obtém turvação ou precipitação.

O reagente de Dragendorff foi preparado de acordo com Harborne (1973), misturando duas soluções-mãe que eram

0,6 g de subnitrato de bismuto em 2 ml de HCL concentrado e 10 ml de água.

6 gramas de iodeto de potássio em 10 ml de água.

Estas soluções-mãe foram misturadas com 7 ml de HCL conc. e 15 ml de água, tendo a mistura sido diluída com 400 ml de água.

2.4.2. Técnicas cromatográficas

2.4.2.1. Técnica de cromatografia em camada fina (TLC)

Esta técnica foi utilizada para separar e identificar aproximadamente os diferentes constituintes dos extractos em estudo, com base nos seus valores Rf e caraterísticas químicas.

2.4.2.2. Preparação de placas TLC

As placas de TLC foram preparadas utilizando sílica gel F254 tipo G 60 como fase estacionária. As placas de vidro, com 20 * 20 cm, foram cuidadosamente limpas com acetona para remover qualquer gordura. Agitou-se vigorosamente uma pasta constituída por 50 g de sílica-gel em 100 ml de água destilada, para assegurar uma consistência uniforme e eliminar as bolhas de ar. A pasta foi espalhada numa camada de 0,25 mm de espessura em placas de vidro. As placas revestidas foram secas ao ar à temperatura ambiente e depois activadas por aquecimento numa estufa a 110 C° durante 30 minutos.

2.4.2.3. Desenvolvimento de sistemas

Foram preparados vários sistemas de desenvolvimento e efectuados muitos ensaios para obter os sistemas de solventes mais adequados que proporcionam uma boa separação. Os sistemas de revelação testados foram: n-Hexano: Acetato de etilo 8:2 n- Hexano: Acetato de etilo 7:3 n-Hexano:Acetato de etilo 1:1 Clorofórmio: Metanol: Água 7:5:2 Hexano:Acetato de etilo 50:50 Acetato de etilo:Clorofórmio 60:40 Metanol: Acetato de etilo 80:20 Etanol:Água 20:80

2.4.2.4. Separação cromatográfica

O processo de separação cromatográfica foi efectuado adicionando 4050 ml de solvente (fase móvel) à cuba cromatográfica uma hora antes do início da separação cromatográfica.

A atmosfera no interior da cuba foi completamente saturada com o solvente através da inserção de um papel de filtro, cujo fundo foi molhado por imersão na fase móvel. Os extractos foram aplicados nas placas TLC sob a forma de manchas numa linha de partida situada a cerca de 2 cm do bordo inferior da placa, por meio de um tubo capilar. As placas foram introduzidas verticalmente na cuba e desenvolvidas por um método ascendente unidirecional. Depois de fechar bem o tanque, as placas foram mantidas à temperatura ambiente até o solvente atingir uma altura de cerca de 18 cm. As manchas separadas foram localizadas por exame sob fonte ultra-violeta (254 nm e 365nm). A deteção dos compostos nas placas de TLC foi efectuada com os seguintes reagentes de pulverização:

-Reagente vanilina-ácido sulfúrico: composto por 6 g de vanilina dissolvidos em 250 ml de etanol e seguidos da adição de 2,5 ml de ácido sulfúrico concentrado.

Anisaldeído-ácido sulfúrico, em que 0,5 ml de anisaldeído são misturados com 10 ml de ácido acético glacial, seguidos de 8 ml de metanol e 5 ml de ácido sulfúrico concentrado, por esta ordem. Este reagente é instável e deve ser preparado imediatamente antes da sua utilização.

Os valores de RF para cada ponto detectado foram calculados como:

$$Rf = \frac{\text{Distância percorrida pela fração separada}}{\text{Distância percorrida pelo sistema solvente}}$$

2.5 Cromatografia em coluna

2.5.1 Procedimentos de extração e fracionamento

Os tubérculos secos moídos (1 kg) da *M. pseudopetalosa* foram embebidos durante 3 dias em 1500 ml de acetato de etilo e etanol consecutivamente. O extrato de acetato de etilo deu 7,1 g, enquanto o extrato de etanol deu 10,9 g; ambos com resíduos castanhos escuros e foram submetidos a uma separação por cromatografia em coluna de gel de sílica (230 - 400 mesh) utilizando eluição gradiente gradual de n-hexano para clorofórmio e de clorofórmio para acetato de etilo e, finalmente, lavagem com metanol puro. Em seguida, foram recolhidas porções de 100 ml, concentradas e combinadas de acordo com a sua semelhança nos comportamentos de separação espectrométrica e TLC, utilizando sistemas de solventes adequados. O acetato de etilo deu origem a oito fracções, enquanto o etanol deu origem a doze fracções.

2.6. Técnica de cromatografia gasosa/espetrometria de massa (GC/MS)

A análise GC/MS foi feita num espetrómetro de massa de cromatógrafo termo-gás (modelo Shimadzu 2010) equipado com coluna capilar DB-5 (30 m de comprimento, 0,25 mm de diâmetro, espessura do filme 0,25μm): Hélio. Temperatura máxima utilizável 325 C°. Os compostos foram identificados por pesquisas informáticas em bibliotecas comerciais do NIST e WILEY.

2.7. Estudo toxicológico

2.7.1. Animais experimentais e dosagem

Quarenta e oito ratos Wistar foram obtidos do Instituto de Investigação de Plantas Medicinais e Aromáticas (MAPRI), Cartum, cada um pesando 150 gramas. Os ratos foram mantidos em gaiolas de plástico, que foram recentemente espalhadas com madeira de serra para absorver a urina. Os animais foram alojados 6 por gaiola em condições ambientais normais de temperatura e humidade, com ciclos alternados de 12 horas de luz/obscuridade. Durante todo o período experimental (semana), foi fornecida água e uma dieta comercial normalizada *ad libitum* de forma contínua e regular.

Os animais foram divididos em 3 grupos: o grupo 1 é um grupo de controlo tratado apenas com água destilada. Os grupos 2 e 3 foram tratados com extractos de acetato de etilo e de etanol do tubérculo de *M. pseudopetalosa,* respetivamente. Cada um dos dois grupos foi ainda dividido em 3 subgrupos através da aplicação de três concentrações diferentes (50, 250 e 500 mg/kg de acetato de etilo e extractos de etanol). A aplicação das doses de extrato foi administrada através da utilização de um tubo estomacal especial com uma ponta lisa para proteger o revestimento interior da cavidade oral e bucal do animal de lesões.

2.7.2 Controlo do peso corporal

Os animais foram pesados individualmente após o final do período experimental, a fim de registar a alteração das suas taxas de crescimento corporal.

2.7.3 Amostragem e processamento de sangue

No final do período experimental, os ratos foram decapitados e o sangue foi recolhido em tubos de ensaio (dois tubos por cada rato). Um dos dois tubos de ensaio continha etileno di-amina tetra acetato de potássio para os testes dos parâmetros hematológicos. O sangue do outro tubo foi deixado coagular durante uma hora e o soro claro foi centrifugado a 3000 rpm durante 15 minutos e conservado no frigorífico para o ensaio dos parâmetros bioquímicos.

2.7.3.1 Parâmetros hematológicos

As amostras de sangue foram examinadas para determinar a concentração de hemoglobina (HB), a contagem de glóbulos vermelhos (RBC), o volume de células compactadas (PCV), o volume corpuscular médio (MCV), a hemoglobina corpuscular média (MCH), a concentração de hemoglobina corpuscular média (MCHC) e a contagem total de glóbulos brancos (WBC) num analisador hematológico automático (Sysmex kx-21, Japão, 1999) que, para além dos parâmetros anteriores, também pode ser utilizado para determinar os seguintes parâmetros

% de linfócitos (Ly), % de granulócitos (GR), % de monócitos (Mo), hematócrito (HCT), largura da distribuição dos glóbulos vermelhos (RDW), largura da distribuição das plaquetas (PDW), contagem de plaquetas (PLT) e volume plaquetário médio (MPV).

2.7.3.2 Parâmetros bioquímicos

As amostras de soro foram analisadas quanto às actividades da aspartato aminotransferase (AST) e da alanina aminotransferase (ALT) e quanto às concentrações de proteínas totais, albumina, colesterol, bilirrubina total e direta, fosfato alcalino e ureia, utilizando o analisador Roche Diagnostic Hitachi 902.

2.7.4 Métodos patológicos

Foi efectuada uma necropsia para identificar lesões grosseiras e amostras do fígado, do coração e do baço, que foram imediatamente fixadas em formalina neutra tamponada a 10%, incluídas em parafina, seccionadas às 17 horas e coradas de rotina com hematoxilina e eosina (H&E).

2.8. Análise estatística

Os dados recolhidos foram expressos como média ± desvio-padrão (DP) de seis determinações, de acordo com o procedimento descrito por Gomez e Gomez (1984).

2.9. Teste de letalidade da artémia

Foi efectuado um bio-ensaio de letalidade de artémia para investigar a citotoxicidade dos extractos de plantas. Ovos *de Artemia salina* (Leach) (50 mg) foram adicionados a uma câmara de eclosão contendo água do mar (45 ml). A câmara de eclosão foi mantida sob uma lâmpada inflorescente durante 48 horas para que os ovos eclodissem em larvas de camarão. As fracções de teste (20 mg) foram dissolvidas separadamente em 2 ml de metanol e, em seguida, 5, 50 e 500 pl de cada solução foram transferidos para frascos correspondentes a 10, 100 e 1000 µg/ml, respetivamente. Cada dosagem foi testada em triplicado. Os frascos (9 para cada teste) e um controlo contendo 500ul do solvente foram deixados a evaporar até à secura em 48h à temperatura ambiente.

Dez larvas de *A. salina* Leach (colhidas 48-72h após o início da eclosão) foram adicionadas a cada frasco e o volume final da solução em cada frasco foi ajustado para 5 ml com água do mar; imediatamente após a adição dos camarões. Foi adicionada uma gota de dimetilsulfóxido (DMSO) aos frascos de ensaio e de controlo antes da adição dos camarões para aumentar a solubilidade do extrato da planta (Myer *et al.*,1982). Os valores de CL_{50} foram determinados com intervalos de confiança de 95%, analisando os dados num computador carregado com um programa Finney (Mclaughin, 1991). Os valores de CL_{50} das artémias obtidos para os extractos de plantas estudados foram registados. O etoposido, o fármaco citotóxico de referência, foi utilizado como controlo positivo com CL_{50} (7,46pg/ml).

CAPÍTULO 3

3. RESULTADOS E DISCUSSÃO

3.1. Propriedades dos extractos

Os tecidos vegetais (raízes, tubérculos e partes aéreas inteiras) foram secos à temperatura ambiente, a fim de evitar qualquer alteração suscetível de alterar a sua composição química. Em seguida, foram triturados até obterem um pó grosseiro antes de serem extraídos com o solvente adequado. Os materiais vegetais secos foram manuseados de acordo com Harborne (1998), que afirmou que este tipo de tecidos, mesmo datando de há muitos anos, pode ser utilizado com êxito para a análise de constituintes vegetais como flavonóides, alcalóides e terpenóides.

De acordo com Harborne (1973), os metabolitos vegetais mais polares, tais como flavonas hidroxiladas, biflavonilos, auronas e chalconas são, geralmente, isolados de materiais vegetais por extração com álcool ou água. Foram utilizados consecutivamente três solventes em polaridades crescentes, para extrair metabolitos secundários de partes aéreas inteiras, raízes e tubérculos utilizados neste estudo. O etanol deu, em geral, maior capacidade de extração do que os solventes clorofórmio e acetato de etilo (Tabela 1).

No presente estudo, o efeito do solvente etanol, que resultou numa melhor capacidade de extração, foi apoiado pelo relatório de Harborne (1973), que demonstrou que são isolados mais metabolitos de plantas a partir de materiais vegetais quando se utiliza etanol ou água para a extração. Contudo, tal não exclui a possibilidade de as diferentes quantidades extraíveis dependerem também do tipo de parte vegetal utilizada ou, por outras palavras, as variações na extractibilidade podem dever-se à natureza do solvente e das partes vegetais utilizadas. Os extractos etanólicos de tubérculos, raízes e partes aéreas inteiras têm consistências pegajosas e cores verde-escuras. No entanto, os extractos de acetato de etilo e clorofórmio apresentaram dois tipos de consistências, nomeadamente, oleosa e sólida, enquanto as suas cores variaram de castanho a castanho-escuro e verde-escuro. As diferenças nas consistências e cores dos extractos dependem novamente do tipo de solvente e da parte utilizada.

Tabela (1): Consistências, cores e extractabilidades de diferentes partes de *M. pseudopetalosa* extraídas com etanol, acetato de etilo e clorofórmio.

Solvente de extração	Parte da planta	Consistência	Cor	Capacidade de extração
	Tubérculo	Pegajoso	Castanho	7.7
Etanol	Raiz	Pegajoso	Castanho-escuro	4.6
	W.A*	Pegajoso	Verde-escuro	11.7
	Tubérculo	Oleosa	Castanho	1.5
Acetato de etilo	Raiz	Sólido	Castanho-escuro	0.9
	W.A*	Sólido	Verde-escuro	0.7
	Tubérculo	Oleosa	Castanho	1.6
Clorofórmio	Raiz	Sólido	Castanho-escuro	0.9
	W.A*	Sólido	Verde-escuro	1.2

* = Partes aéreas inteiras

3.2. Atividade antimicrobiana

Os extractos brutos das três partes da planta (raízes, tubérculos e partes aéreas inteiras) foram submetidos a um rastreio preliminar da sua atividade antimicrobiana contra quatro estirpes bacterianas e três espécies fúngicas. As partes da planta foram extraídas utilizando solventes sucessivos de polaridades crescentes, tal como descrito na secção anterior. As actividades antimicrobianas das partes da planta foram examinadas de acordo com o método de difusão em ágar-placa (Kavanagh, 1972). Foram utilizadas diferentes concentrações bacterianas e fúngicas (50, 100 e 200 mg/ml).

O solvente etanol foi utilizado como controlo em vez do extrato da planta, uma vez que outros solventes mostraram efeitos inibitórios. Os diâmetros da zona de inibição (I Z D) foram medidos e registados em mm.

3.2.1. Atividade antibacteriana

Os efeitos antibacterianos exibidos pelos três extractos com solvente variaram com as partes extraídas e as estirpes bacterianas utilizadas (Quadro 2 e Fig. 1 a 7). O extrato clorofórmico do tubérculo mostrou uma incidência de atividade contra *S. aureus* a uma concentração de 100 mg/ml. No entanto, o extrato etanólico das partes aéreas inteiras reflectiu efeitos inibitórios contra todas as estirpes bacterianas, exceto *B. cereus,* enquanto *E. coli* e *S. aureus* responderam de forma positiva (inibição do crescimento) a todas as concentrações utilizadas, além de que *S. typhi* exibiu efeitos inibitórios.

Por outro lado, a extração dos tubérculos e raízes por acetato de etilo mostrou efeitos inibitórios contra *S. aureus*, *B. cereus* e *E. coli*.

Os resultados indicaram claramente que a planta tinha um efeito antibacteriano limitado, o que está de acordo com o que foi relatado por Al Magboul *et al.* (1987) que examinou extractos de outros membros da mesma família. Henry (1948) testou soluções de iodeto de tetra-amina de tubérculos *de M. pseudopetalosa* contra *S. aureus* e *S.typhi,* também obteve resultados negativos em cada caso.

Tabela (2): Diâmetro médio da zona de inibição (mm) causado pelas três concentrações (50, 100, 200 mg/ml) de diferentes extractos contra as estirpes bacterianas testadas.

Plant part	Used extract	Bacterial strain											
		S.aureus			*S.typhi*			*B.cereus*			*E.coli*		
		Cons.mg/ml											
		50	100	200	50	100	200	50	100	200	50	100	200
Tuber	Chloroform	20	-	-	-	-	-	-	-	-	-	-	-
	Ethanol		-	-	-	-	-	-	-	-	-	-	-
	Ethyl acetate	15	17	17	-	-	-	-	-	-	-	-	-
Root	Chloroform	-	-	-	-	-	-	-	-	-	-	-	-
	Ethanol	-	-	-	-	-	-	-	-	-	-	-	-
	Ethyl acetate	-	12	19	-	-	-	-	14	20	-	-	17
W.A	Chloroform	-	-	-	-	-	-	-	-	-	-	-	-
	Ethanol	19	21	21	-	19	-	-	-	-	18	19	20
	Ethyl acetate	-	-	-	-	-	-	-	-	-	-	-	-

- ≡ Sem inibição do crescimento bacteriano.

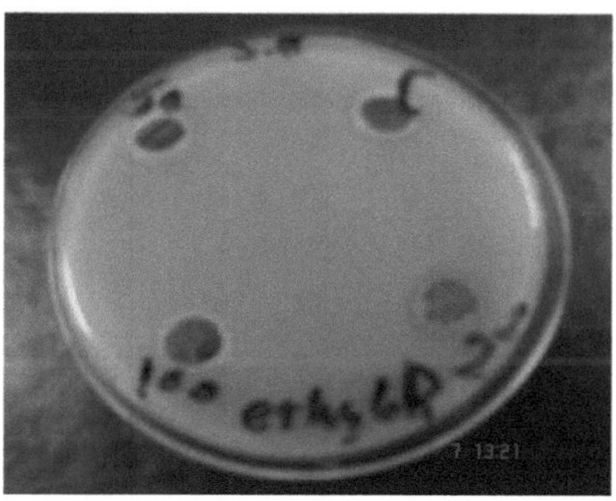

Fig.(1): Atividade antibacteriana do extrato de acetato de etilo da raiz de *M. pseudopetalosa* testada

contra *S.aureus* em diferentes concentrações de extrato (50, 100 e 200 mg /ml).

C ≡ Representa o tratamento de controlo do etanol.

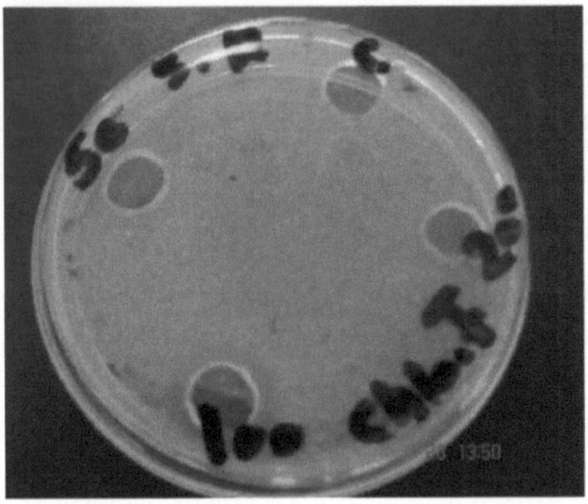

Fig.(2): Atividade antibacteriana do extrato de acetato de etilo do tubérculo de *M.pseudopetalosa* testado contra *S.aureus* em diferentes concentrações de extrato (50, 100 e 200 mg /ml).

C ≡ Representa o tratamento de controlo do etanol

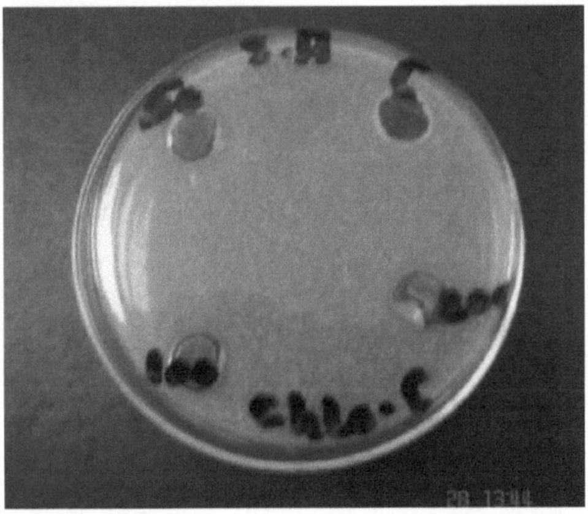

Fig.(3): Atividade antibacteriana do extrato clorofórmico do tubérculo de *M. pseudopetalosa* testado contra *S.aureus* em diferentes concentrações de extrato (50, 100 e 200 mg /ml) C≡ Representa o tratamento de controlo com etanol

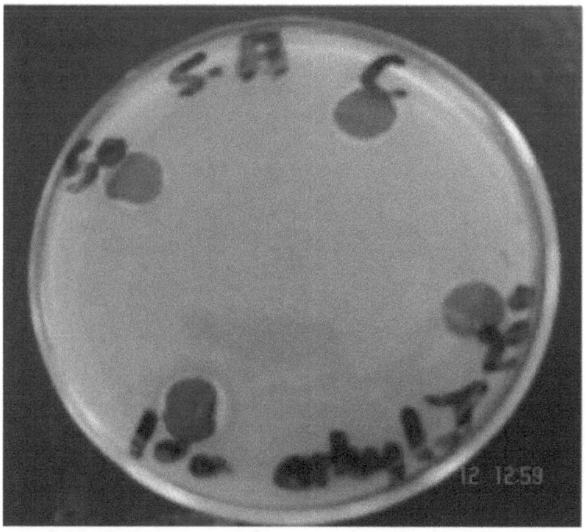

Fig.(4): Atividade antibacteriana do extrato etanólico de partes aéreas inteiras de *M.pseudopetalosatested* contra *S. aureus* em diferentes concentrações de extrato (50, 100 e 200 mg/ml)

C ≡ Representa o tratamento de controlo do etanol .

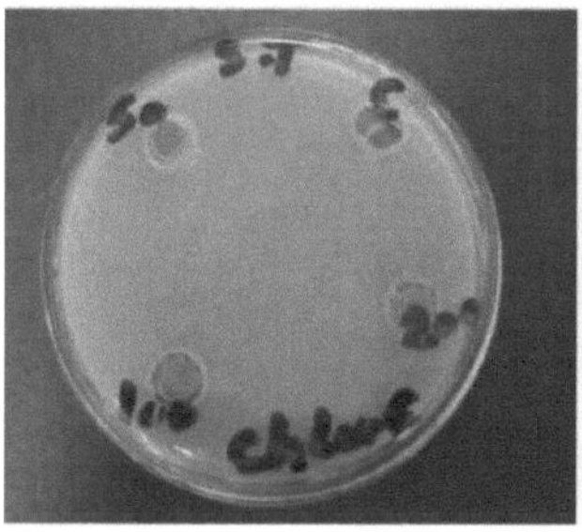

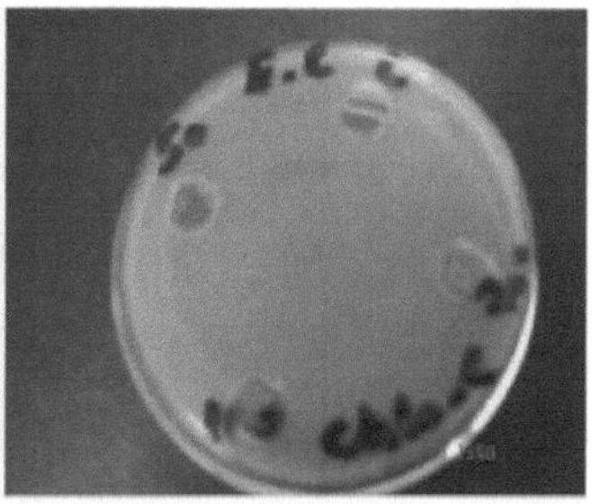

5 6

Fig. (5 e 6): Mostra a atividade antibacteriana do extrato etanólico de toda a parte aérea de *M. pseudopetalosa* testado contra *S. typhi* e *E.coli*, respetivamente, em diferentes concentrações de extractos (50, 100 e 200 mg /ml) C ≡ Representa o tratamento de controlo (etanol).

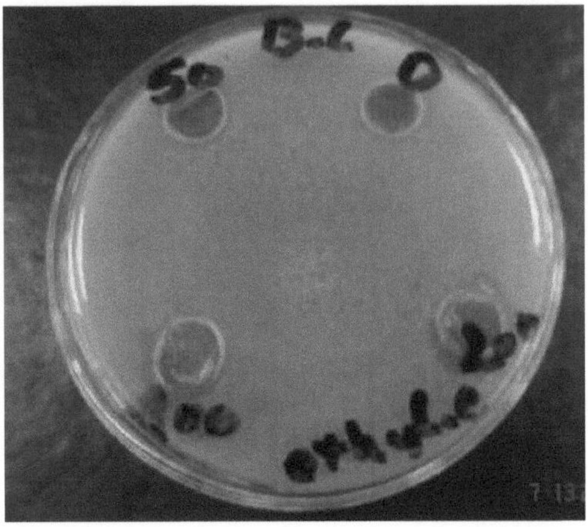

Fig.(7): Atividade antibacteriana dos extractos de acetato de etilo da raiz de *M. pseudopetalosa* testada contra *B. cereus* em diferentes concentrações de extrato (50, 100 e 200 mg/ml).

C ≡ Representa o tratamento de controlo do etanol

3.2.2. Atividade antifúngica

O método do meio líquido foi aplicado a dois *fungos; A. flavus* e *A.fumigatus*. A ideia subjacente à utilização deste método era determinar as concentrações dos extractos de plantas que podem inibir o crescimento fúngico, tal como foi descrito em (2.3.5.).

As tabelas 3, 4 e 5 reflectem a atividade antifúngica dos extractos de plantas em diferentes concentrações (50,100 e 200 mg/ml) contra os dois *fungos* medidos após 2,5 e 8 dias após o tratamento.

Os resultados da atividade antifúngica das diferentes concentrações de clorofórmio do extrato de tubérculo são apresentados no Quadro 3, revelando que

(i) No dia 2 do tratamento, verificou-se uma ligeira inibição do crescimento fúngico observados; exceto para *A. fumigatus* (50 mg/ml) e *A. flavus* (100mg/ml) que apresentaram graus de inibição apreciáveis em comparação com os controlos.

(ii) No dia 5, foram obtidos resultados semelhantes para *A. Fumigatus* e *A. flavus* nas concentrações de 50 mg/ml e 100 mg/ml, respetivamente; ambos apresentaram efeitos moderados.

(iii)No dia 8, após a aplicação do extrato de tubérculo, foram observadas capacidades de crescimento mais ou menos semelhantes para as diferentes concentrações pelos dois fungos. No entanto, a única diferença foi registada para *A. flavus* a uma concentração de 100 mg/ml que mostrou uma inibição moderada.

Quando o extrato clorofórmico da raiz foi aplicado aos dois fungos, observou-se que:

(i) No dia 2, verificou-se um atraso no crescimento para todas as concentrações utilizadas, exceto na concentração baixa (50mg/ml) no caso dos dois fungos que não foram afectados pela aplicação do extrato e apresentaram uma atividade de crescimento semelhante à dos seus controlos.

(ii) O único fungo que exibiu uma diminuição fixa na atividade de crescimento, ao longo dos dias de tratamento e na concentração de 100 mg/ml do extrato de raiz, foi o *A. fumigatus.*

Tabela (3): Análise antifúngica dos extractos clorofórmicos de diferentes partes de *M. pseudopetalosa* contra *A. flavus* e *A. fumigatus* em diferentes concentrações.

concentrations→		Control		50 mg/ml		100 mg/ml		200mg/ml	
Parts↓	Daysafter treatment ↓	A.fl.	A.fu.	A.fl.	A.fu.	A.fl.	A.fu.	A.fl.	A.fu.
	2	+++	++	++	+	+	++	++	++
Tuber	5	++++	+++	+++	++	++	++++	+++	+++
	8	++++	++++	++++	+++	++	++++	+++	+++
	2	+++	+	+++	+	++	++	+	+
Root	5	++++	+++	++++	+++	+++	++	+++	+++
	8	++++	++++	++++	++++	++++	++	++++	+++
	2	+++	++	++	++	++	++	+	++
W.A	5	++++	+++	+++	++++	+++	++	+++	++++
	8	++++	++++	++++	++++	++++	++++	++++	++++

- ≡ No growth
+ ≡ Weak growth
++ ≡ Moderate growth
++ ≡ Good growth
+++≡ Vigorous growth
Control ≡ Ethanol

A.fl. ≡*Aspergillus flavus*
A.fu. ≡*Aspergillus fumigatus*

(iii) As outras concentrações não mostraram efeitos inibitórios consideráveis em comparação com o controlo.

Quanto às partes aéreas inteiras, a concentração de 200 mg/ml do extrato exerceu um efeito máximo sobre *A. flavus* no dia 2, enquanto as outras concentrações mostraram resultados mais ou menos semelhantes com efeitos inibitórios moderados.

No entanto, no dia 5 e no dia 8 não foram observadas diferenças notáveis quando comparadas com os controlos, apesar da diminuição moderada da atividade de crescimento do *A.fumigatus* no dia 5 e a uma concentração de 100 mg/ml.

A adição do extrato etanólico do tubérculo indicou que o crescimento de *A. flavus* a concentrações de 100mg/ml e 200mg/ml (Fig. 10) mostrou actividades de crescimento moderadas e fracas, respetivamente; ao longo de todos os dias de tratamento (Quadro 4). (Fig. 9).

A concentração de 50 mg/ml reduziu o crescimento apenas no caso do *A. flavus* (Fig. 8).

O crescimento dos dois fungos não foi afetado pelo extrato da raiz após 8 dias de aplicação. O extrato etanólico das partes aéreas de *M. pseudopetalosa* mostrou inibição do crescimento, em todas as concentrações utilizadas, quando aplicado a *A. flavus;* até ao dia 2 após o tratamento. O aumento da concentração para 100 mg/ml prolongou o período de inibição até ao dia 5; enquanto que um novo aumento da concentração para 200 mg/ml tornou possível que a inibição continuasse até ao dia 8 após o tratamento.

Os resultados dos efeitos do extrato de acetato de etilo sobre *A. flavus* e *A. fumigatus* são apresentados no Quadro 5. Revelaram que o extrato de tubérculo mostrou um ligeiro atraso no crescimento fúngico no dia 5 a uma concentração de 100 mg/ml contra *A. flavus.*

As outras concentrações não mostraram efeitos inibitórios consideráveis ao longo dos períodos de tratamento, em comparação com o controlo.

Tabela (4): Análise antifúngica dos extractos etanólicos de diferentes partes de *M. pseudopetalosa* testados contra *A. flavus* e *A. fumigatus* em diferentes concentrações.

Concentration→		Control		50mg/ml		100 mg/ml		200mg/ml	
Part↓	Days after treatment↓	A.fl.	A.fu..	A.fl.	A.fu.	A.fl.	A.fu.	A.fl	A.fu.
Tuber	2	++++	+	+++	+	++	++	+	++
	5	++++	+++	+++	+++	++	+++	+	+++
	8	++++	+++	+++	+++	+++	++	+	+++
Root	2	++++	+	+++	+	+++	++	++	++
	5	++++	++++	++	++++	+++	++++	++	++
	8	++++	++++	+++	++++	++++	++++	+++	+++
W.A	2	+++	+	++	+	+	++	+	++
	5	+++	+++	+++	+++	++	+++	+	+++
	8	++++	++++	++++	++++	+++	+++	++	++++

Control ≡ Ethanol

A.fl. ≡ *Aspergillus flavus*

- ≡ No growth

A.fu. ≡*Aspergillus flavus*

+ ≡ Weak growth

++ ≡ Moderate growth

+++ ≡ Good growth

++++ ≡ Vigorous growth

C 50 100 200

Extract concentrations (mg/ml)

Fig.(8): Atividade antifúngica do extrato etanólico da raiz de *M. pseudopetalosa* testado contra *A.flavus* em diferentes concentrações (50,100 e 200 mg/ml) no dia 5 após o tratamento. C ≡ representa o tratamento de controlo (etanol).

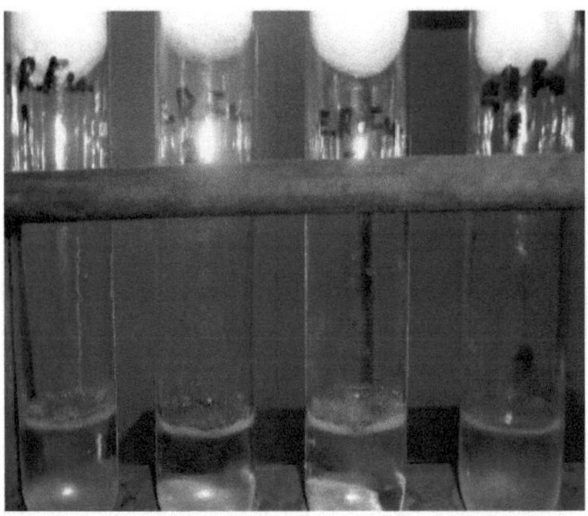

C 50 100 200

Extract concentrations (mg/ml)

Fig.(9): Atividade antifúngica do extrato etanólico da raiz de *M. pseudopetalosa* testado contra *A.fumigatus* em diferentes concentrações (50,100 e 200 mg/ml) no dia 5 após o tratamento. C ≡ Representa o tratamento de controlo (etanol).

Fig.(10): Atividade antifúngica do extrato etanólico da raiz de *M. pseudopetalosa* testado contra *A.flavus* em diferentes concentrações (50,100 e 200 mg/ml) no dia 5 após o tratamento. C ≡ Representa o tratamento de controlo (etanol).

A adição do extrato de raiz de acetato de etilo mostrou um atraso no crescimento quando foi aplicado a *A. flavus* durante todos os dias de tratamento em concentrações de 100 mg/ml (Fig.s11) e 200 mg/ml.

Por outro lado, o extrato de raiz de acetato de etilo mostrou uma redução do crescimento de *A. flavus* na concentração de 50 mg/ml nos dias 2 e 5.

O extrato de acetato de etilo de todas as partes aéreas exibiu um atraso no crescimento quando aplicado a *A. fumigatus* na concentração de 100 mg/ml apenas no dia 5.

O efeito dos diferentes extractos no crescimento das espécies de fungos pode ser resumido da seguinte forma

(i) No dia 8, data fixada para o fim da experiência, que fornece os resultados mais relativos para decidir se ocorreu ou não um efeito de inibição, foi

observou-se que o extrato de clorofórmio foi o mais eficaz a uma concentração de 100 mg/ml relativamente à sua capacidade de induzir efeitos semelhantes tanto em *A. fumigatus como em A. flavus*, tanto para tubérculos como para raízes.

(ii) O extrato etanólico do tubérculo e das partes aéreas inteiras apresentou um crescimento retardado de *A. flavus* a uma concentração de 200 mg/ml (iii)O extrato de raiz em acetato de etilo reflectiu um atraso moderado no crescimento contra *A. flavus* nas concentrações de 100 e 200 mg/ml.

No caso de *C. albicans*, que foi realizado utilizando técnicas descritas por Fiedler (2004), não foi registado qualquer efeito claro de inibição do crescimento para as diferentes concentrações de partes de plantas extraídas com os diferentes solventes.

Os extractos de clorofórmio foram testados por Al Magboul *et al.* (1987) quanto à sua atividade contra *Candida albicans* utilizando partes de plantas de espécies que pertencem à mesma família da planta utilizada nesta investigação. Os resultados obtidos foram semelhantes aos registados neste estudo. Também relataram resultados que indicaram a inibição do crescimento de *A. niger* pelo extrato de clorofórmio de *Boscia sengalensis*. No entanto, nesta investigação apenas foi exibido um atraso no crescimento a uma concentração de 100 mg/ml para o extrato de clorofórmio de *M. pseudopetalosa* contra *A. flavus* e *A. fumigatus*.

Tabela (5): Análise antifúngica dos extractos de acetato de etilo de diferentes partes de *M. pseudopetalosa* testados contra *A. flavus* e *A. fumigatus* em diferentes concentrações.

Concentration→		Control		50mg/ml		100 mg/ml		200 mg/ml	
Parts ↓	Days after ↓treatment	A.fl.	A.fu.	A.fl.	A.fu.	A.fl.	A.fu.	A.fl.	A.fu.
Tuber	2	++	+	++	+	++	+	++	+
	5	+++	++	+++	+++	++	+++	++++	+++
	8	++++	++++	++++	++++	+++	++++	++++	++++
Root	2	++	+	+	+	+	+	+	+
	5	+++	++	++	+++	++	+++	+	++
	8	++++	++++	+++	++++	++	++++	++	+++
W.A	2	++	+	++	+	++	++	++	++
	5	+++	+++	+++	+++	+++	++	++++	+++
	8	++++	+++	+++	++++	++++	++++	++++	++++

\- ≡ No growth

\+ ≡ Weak growth

++ ≡ Moderate growth

+++ = Good growth

++++ ≡ vigorous growth

Control ≡ Ethanol

A.fl. ≡ *Aspergillus flavus*

A.fu. ≡ *Aspergillus fumigatus*

Borgio *et al.* (2008) submeteram as propriedades inerentes às folhas, raízes, caules e vagens de sementes de *Gynandropsis pantophylla* através da realização de estudos antimicóticos, antibacterianos e fitoquímicos. Relataram uma elevada suscetibilidade ao extrato de acetona no caso das bactérias *E. coli* e *Staphylococcus aureus* e uma elevada suscetibilidade para *A. niger* e *A. flavus;* após a utilização do extrato de metanol da planta. Foi relatada uma atividade antibacteriana significativa para as folhas de *Cleome viscose* (que pertence à família Cappariaceae) contra sete estirpes bacterianas utilizando metanol como solvente (Bose *et al.*,2011).

Confirmaram também a importância do papel desempenhado pelo solvente na extração dos constituintes bioactivos de diferentes partes da planta.

C 50 100 200

Concentration extract mg/kg

Fig.(11): Atividade antifúngica do extrato de acetato de etilo da raiz de *M. pseudopetalosa* testada no dia 8 contra *A.flavus* em diferentes concentrações de extrato (50, 100 e 200 mg/ml).

C ≡ Representa o tratamento de controlo (etanol).

3.3. Rastreio fitoquímico

Os extractos brutos de plantas investigados foram testados por três técnicas diferentes:

3.3.1. Testes químicos

A presença ou ausência de alguns produtos secundários da planta foram testados pelos procedimentos descritos por Harborne (1973). Os resultados indicaram uma presença fraca de taninos em todas as partes da planta testadas; o que está de acordo com o que foi relatado para as sementes de *Buccholzia coricea;* outro membro da família Cappariaceae (Amaechi, 2009).

Os esteróis foram detectados apenas nas partes do tubérculo, enquanto os alcalóides estavam presentes de forma fraca e moderada nas partes do tubérculo e da raiz, respetivamente (Quadro 6), o que é contrário ao que foi relatado por Henry (1948), que não detectou alcalóides nas partes do tubérculo da mesma planta. A presença dos dois metabolitos secundários foi registada noutro membro da família, nomeadamente *Cleome rutidosperma* por Ojiako e Igwes (2007).

Por outro lado, o teste para flavonóides, terpenos e saponinas revelou resultados negativos em todas as partes da planta testadas.

3.3.2. Cromatografia de camada fina (TLC)

A separação por TLC dos diferentes extractos brutos de *M. pseudopetalosa* foi realizada para tentar identificar os diferentes constituintes dos extractos em relação aos seus valores Rf. e cores das manchas. Os dados obtidos foram comparados com os da literatura disponível, com condições experimentais semelhantes. Depois de muitas tentativas, foram escolhidos os melhores sistemas de solventes e reagentes de deteção em spray, que são:

Tabela (6): Testes bioquímicos para os produtos secundários presentes nas diferentes partes de *M. pseudopetalosa.*

Peças	Flavonóides	Taninos	Terpenos	Esteróis	Alcalóides	Saponinas
Raiz	-	+	-	-	++	-
Tubérculo	-	+	-	+++	+	-
W.A	-	+	-	-	-	-

- ≡ Ausente

+ ≡ Presença fraca

++ ≡ Presença moderada

+++ ≡ Presença elevada

W.A ≡ Toda a parte aérea

Tabela (7): Separação por TLC dos extractos de acetato de etilo *de M. pseudopetalosa*, representando a florescência, as cores e os valores Rf. das manchas obtidas utilizando um sistema de solventes hexano: acetato de etilo (8:2) e pulverizado com ácido vanilino-sulfúrico.

Plant part	UnderUV (365nm.)	With reagent	Rf. Values					
Tuber	Blue and bright blue	Dark and pale blue	0.13	0.4	0.8	0.93	0.99	-
Root	Blue and bright blue	Dark and pale blue	0.17	0.88	0.99	-	-	-
Whole Aerial Parts	Blue, dark blue	Dark and pale blue	0.5	0.97	-	-	-	-

*Peças aéreas inteiras

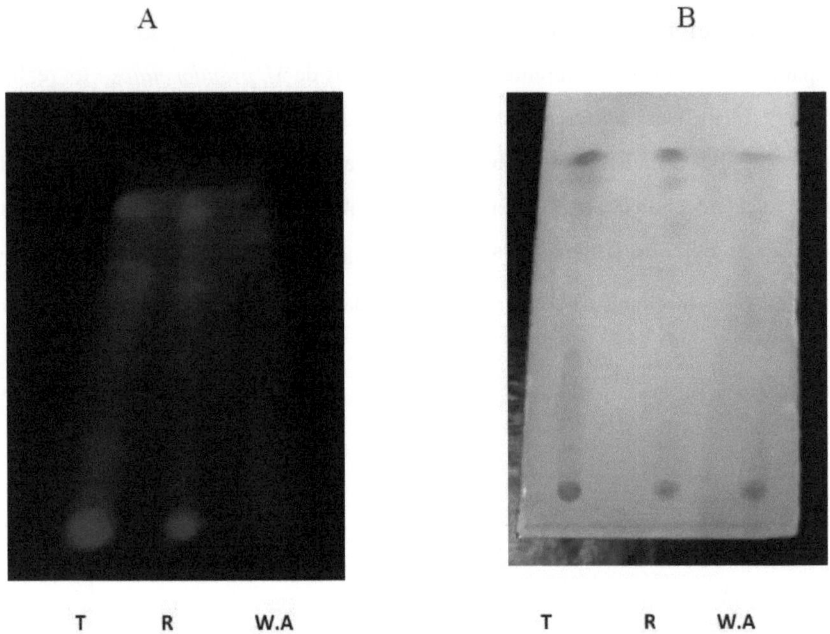

Fig.(12): Separação por TLC do extrato de acetato de etilo de *M. pseudopetalosa* como se vê: (A) Sob luz UV (B) Após a aplicação do reagente de pulverização.

Sistema de solventes : Hexano : Acetato de etilo (numa proporção de 8:2)

Reagente de pulverização : Vanilina-ácido sulfúrico T ≡ Tubérculo R ≡ Raiz W.A ≡ Partes aéreas inteiras

(1) Foi utilizado um sistema de solventes que consistia em hexano: acetato de etilo numa proporção de 8:2, tal como descrito por Ali *et al.* (2008). A Tabela 7 e a Fig. 12 mostram os resultados obtidos pela separação cromatográfica dos extractos de acetato de etilo. O extrato de tubérculo deu origem a cinco manchas com cores azuis e azuis brilhantes sob UV (365nm.), enquanto deram cores azuis escuras e pálidas após a utilização de ácido vanilina-sulfúrico como reagente de pulverização. Além disso, o extrato de raiz mostrou três manchas com cores escuras e azuis, enquanto as partes W.A. revelaram duas manchas com cores azuis e azuis escuras sob UV e cores azuis escuras e pálidas com o reagente de pulverização. Os valores Rf. para todos os pontos anteriores variaram entre 0,13 - 0,99. Estas cores que foram registadas para as manchas dos diferentes extractos indicam a presença de esteróis.

(2) O segundo sistema de solventes, constituído por clorofórmio: metanol: água numa proporção de 7:5:1, foi aplicado ao extrato clorofórmico. Foram obtidos resultados

positivos utilizando UV (365 nm.) e ácido anisaldeído-sulfúrico como reagente de pulverização. A Tabela 8 e a Fig. 13 indicam a presença de cinco manchas. As cores destas manchas variaram de azul a azul pálido, azul escuro e vermelho a vermelho escuro sob UV. No entanto, com a utilização do reagente de pulverização, foram detectadas cores castanhas e castanhas escuras (valores Rf. entre 0,1-0,99). Estas cores indicam a presença de glicosídeos cardíacos (Wagner *et al.,1996)*.

(3) O último sistema de solventes, que consistiu em hexano : acetato de etilo numa proporção de 7:3, foi uma modificação do utilizado por Upasani *et al.* (2003) para a deteção de alcalóides e flavonóides. A separação cromatográfica deu resultados positivos com o extrato de etanol, conforme observado sob UV (365nm.) e após pulverização com reagente de ácido vanilina-sulfúrico. Os resultados dos valores Rf. e das placas cromatográficas (Quadro 9 e Fig. 14) indicaram a presença de cinco manchas para os tubérculos, quatro manchas para as raízes e seis manchas para toda a parte aérea da planta. As manchas T_1 e T_3 eram de cor castanha escura, T_2 e T_4 eram de cor azul esverdeada e a última T_5 era azul escura.

Quadro (8): Separação por TLC dos extractos clorofórmicos *de M. pseudopetalosa*, representando a fluorescência, as cores e os valores Rf. das manchas obtidas utilizando um sistema de solventes clorofórmio: metanol: água (7: 5 : 1) e pulverizado com ácido anisaldeído-sulfúrico.

Plant parts	Under UV	Spray reagent	Rf. Value					
Tuber	Blue, pale and dark blue, red and dark red	Brown and pale brown	0.1	0.2	0.3	0.73	0.97	-
Root	Blue, pale and dark blue, red and dark red	Brown and pale brown	.09	0.1	0.21	0.55	0.99	-
Whole Aerial Parts	Blue, pale and dark blue, red and dark red	Brown and pale brown	0.05	0.1	0.3	0.97	-	-

*Peças aéreas inteiras

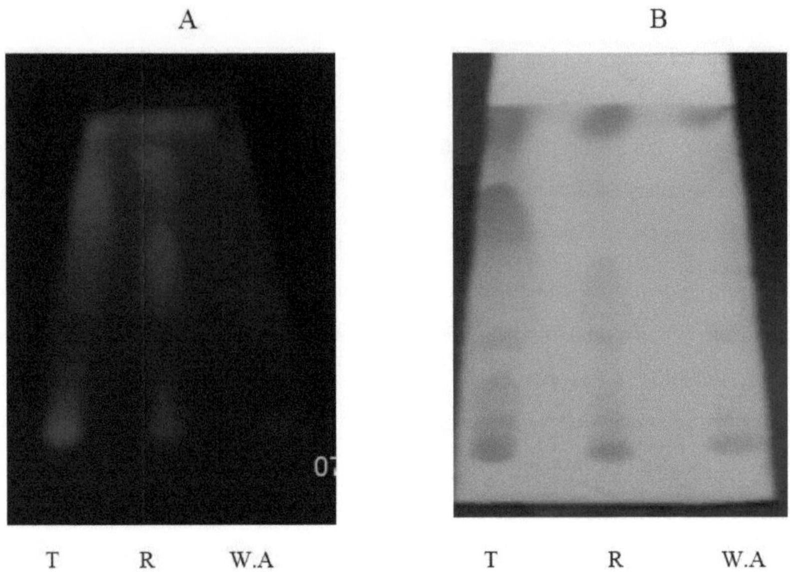

Fig.(13): Separação por TLC do extrato clorofórmico de *M. pseudopetalosa* como se vê: (A) Sob luz UV. (B) Após a aplicação do reagente de pulverização.

Sistema de solventes : Clorofórmio : Metanol : Água (7:5:1)

Reagente de pulverização : Anisaldeído -Ácido sulfúrico T ≡ Tubérculo R ≡ Raiz W.A ≡ Partes aéreas inteiras

Tabela (9): Separação por TLC dos extractos etanólicos *de M. pseudopetalosa*, representando a fluorescência, as cores e os valores Rf. das manchas obtidas utilizando um sistema solvente de hexano : acetato de etilo (7:3) e pulverizado com ácido vanilina-sulfúrico.

Plant part	Under UV.	With reagent	Rf. values					
Tuber	Fluorescent, pale red	Greenish blue, dark brown and dark blue	0.1	0.37	0.70	0.79	0.97	-
Root	Fluorescent, pale red	Dark brown, brown and blue	.08	0.18	0.71	.098	-	-
Whole Aerial Parts	Fluorescent, pale black	Dark brown, brown and blue	0.08	0.31	0.69	0.77	0.84	0.90

A B

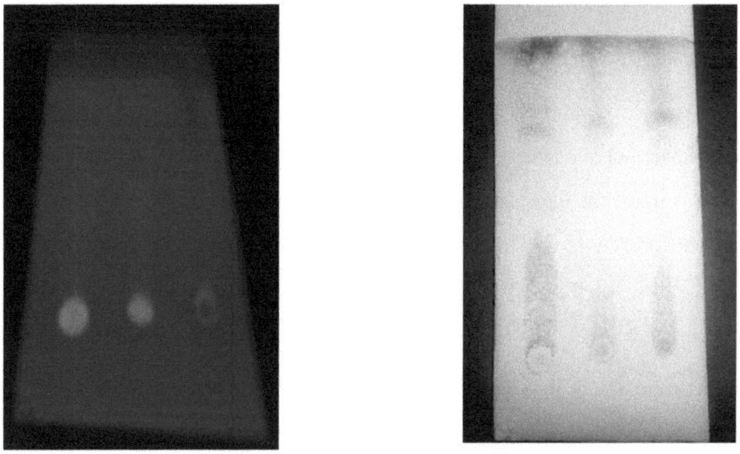

T R W.A T R W.A

Fig. (14): Separação por TLC do extrato etanólico *de M. pseudopetalosa*, como se vê:

(A) Sob luz UV.

(B) Após a aplicação do reagente por pulverização.

Sistema de solventes : Hexano : Acetato de etilo (7:3).

Reagente de pulverização : Vanilina - Ácido sulfúrico T ≡ Tubérculo R ≡ Raiz W.A ≡ Partes aéreas inteiras

Por outro lado, as manchas R_1 , R_3 e WA_4 tinham cor castanha escura, R_1 e WA_1 tinham cor castanha e R_4 , WA_5 e WA_6 tinham cor azul. Estas cores indicam a presença de alcalóides e flavonóides. No entanto, sob fluorescência UV, foram detectadas cores vermelho pálido e preto pálido.

3.4. Fracionamento dos extractos de acetato de etilo e de etanol do tubérculo de *M. pseudopetalosa*

A cromatografia em coluna, que foi adoptada para o fracionamento dos extractos, resultou em 8 fracções para o extrato de acetato de etilo e 12 fracções para o extrato de etanol. As fracções obtidas foram testadas quanto à citotoxicidade contra larvas de artémia. O extrato de etanol mostrou uma atividade muito elevada em comparação com o extrato de acetato de etilo. Após o teste de citotoxicidade, as 12 fracções de etanol foram submetidas a uma separação por TLC e as quatro fracções com a citotoxicidade mais elevada foram consideradas para identificação por GC/MS, como se segue:

3.4.1. Separação das fracções etanólicas do tubérculo por TLC

O primeiro grupo (F_1 - F_4) representa os resultados obtidos utilizando o sistema de solventes que consiste em hexano : acetato de etilo (1:1). Os resultados positivos foram demonstrados pelo reagente UV (365 nm.) e pelo reagente de pulverização de ácido vanilina-sulfúrico. O quadro 10 e a placa 15 indicam a presença de quatro manchas para a fração 1 e três manchas para cada uma das fracções 2,3 e 4. As cores destes pontos eram azul pálido e florescente no UV, escuro e escuro pálido com o reagente de pulverização (valores Rf. entre 0,1-0,97). Estas cores indicam a presença de triterpenos (Harborne, 1973).

O segundo grupo (F_5 - F_8) apresentou os resultados obtidos utilizando o sistema de solventes que consistia em hexano : acetato de etilo (8:2). Foram observados resultados positivos tanto para o reagente UV (365nm) como para o reagente de pulverização de ácido vanilina-sulfúrico. A tabela e a placa 16 indicam a presença de seis manchas para cada uma das fracções 5, 6 e 7, enquanto a fração 8 revelou apenas três manchas. Todas as manchas apareceram como azuis e fluorescentes sob UV; e verde escuro, castanho escuro e castanho pálido quando pulverizadas com

Tabela (10): Separação por TLC das fracções de etanol de tubérculos *de M. pseudopetalosa* (1, 2, 3 e 4) representando a fluorescência, as cores e os valores Rf. das manchas.

fraction No.	Under UV	With reagent	Rf. Values					
F_1	Pale blue, fluorescent	Dark and pale dark	0.45	0.85	0.96	0.99	-	-
F_2	Pale blue, fluorescent	Dark and pale dark	0.15	0.45	0.96	-	-	-
F_3	Pale blue, fluorescent	Dark and pale dark	0.37	0.9	0.96	-	-	-
F_4	Pale blue, fluorescent	Pale blue and fluorescent	0.18	0.69	0.96	-	-	-

Reagente de pulverização : Ácido vanilina-sulfúrico.

Sistema de solventes : Hexano : Acetato de etilo (1 : 1)

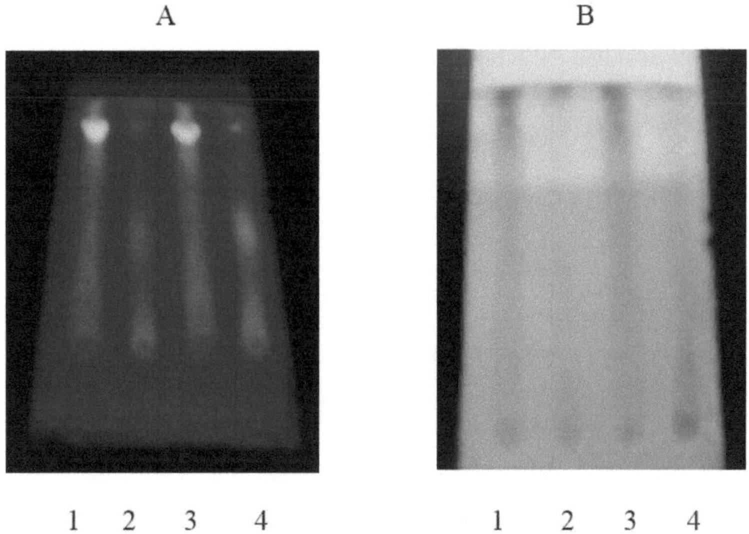

Fig.(15): Separação por TLC das fracções de etanol de tubérculos *de M. pseudopetalosa* (1,2,3 e 4) como se vê: (A) Sob luz UV. (B) Após pulverização.

Sistema de solventes : Hexano : Acetato de etilo 1:1 Reagente de pulverização : Vanilina - Ácido sulfúrico

1 ≡ Representar F_1 2 ≡ Representar F_2 3 ≡ Representar F_3 4 ≡ Representar F $._4$

o reagente de pulverização (valores Rf. entre 0,08-0,99). Os valores Rf. das manchas podem provavelmente indicar a presença de esteróis (Ali *et al.*, 2008).

O terceiro grupo (F_9 - F_{12}) que foi separado pelo sistema de solventes de etanol e água (2:8) mostrou três manchas com cores verdes pálidas (Tabela 12, Fig.17), enquanto as outras reflectiram fluorescência sob UV (valores Rf. entre 0,3-0,93). Estes resultados apontam provavelmente para a presença de membros do grupo dos flavonóides (Dong *et al.*, 2007).

Tabela (11): Separação por TLC das fracções de etanol de tubérculos *de M. pseudopetalosa* (5,6,7 e 8) representando a florescência, as cores e os valores Rf. das manchas.

Fraction No.	Under UV	With reagent	Rf. Value					
F_5	Blue, fluorescent	Dark green, dark and pale brown	0.8	0.17	0.54	0.67	0.95	0.99
F_6	Blue, fluorescent	Dark green, dark and pale brown	.08	0.3	0.55	0.67	0.88	0.99
F_7	Blue, fluorescent	Dark green, dark and pale brown	0.04	0.23	0.55	0.67	0.88	0.99
F_8	Blue, fluorescent	Dark green, dark and pale brown	0.04	0.2	0.95	-	-	-

Reagente de pulverização : Vanilina-ácido sulfúrico

Sistema de solventes : Hexano : Acetato de etilo (8 : 2)

A B

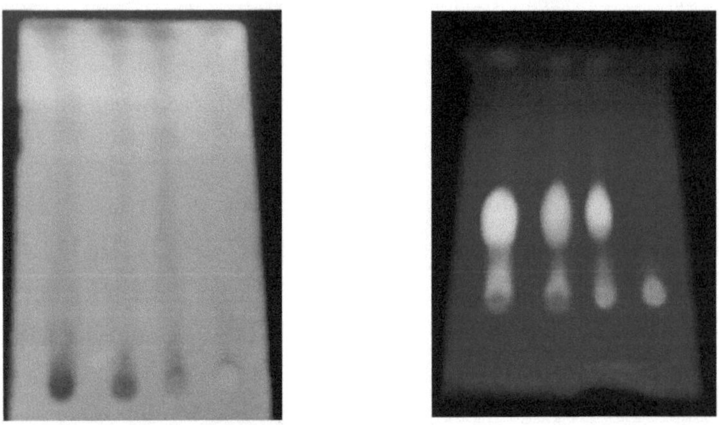

5 6 7 8 5 6 7 8

Fig.(16): Separação por TLC das fracções de etanol de tubérculos *de M. pseudopetalosa* (5,6,7 e 8) como se vê: (A) Sob lâmpada UV. (B) Após a pulverização do reagente.

Sistema de solventes : Hexano : Acetato de etilo (8:2)

O reagente de pulverização : Vanilina - Ácido sulfúrico

5 ≡ Representar F5 6 ≡ Representar F6 7 ≡ Representar F7

8 ≡ Representar F8

Tabela (12): Separação por TLC das fracções de etanol do tubérculo de *M. pseudopetalosa* (9,10,11 e 12) representando a florescência, as cores e os valores Rf. das manchas.

Fraction No.	Under UV	With reagent	Rf. Values					
F_9	Pale green, fluorescent	No color	0.71	0.87	-	-	-	-
F_{10}	Pale green, fluorescent	No color	0.3.	0.42	0.92	-	-	-
F_{11}	Pale green, fluorescent	No color	0.25	0.47	0.53	0.93	-	-
F_{12}	fluorescent	No color	0.3	0.43	0.85	-	-	-

Reagente de pulverização : Vanilina-ácido sulfúrico.

Sistema de solventes : Água : Etanol 8 : 2

9101112

Fig.(17): Separação TLC das fracções de etanol de tubérculos *de M. pseudopetalosa* (9,10,11,e 12), vista sob a lâmpada UV. Sistema de solventes: água: etanol 8:2. O reagente de pulverização: Vanilina - Ácido sulfúrico. 9 ≡ Representar F_9 10 ≡ Representar F_{10} 11 ≡ Representar F_{11} 12 ≡ Representar F_{12}

3.5. Estudo toxicológico

Existe uma falta de informação sobre possíveis efeitos toxicológicos de *M. pseudopetalosa.* O único estudo de toxicidade disponível em coelhos e ratos foi relatado por Henry (1948) que efectuou a administração oral de extractos aquosos dos tubérculos da planta. Concluiu que a purificação dos extractos aquosos deu origem a cristais de sais de iodeto (sais de tetra metil amónio) que, quando injectados nos coelhos em concentrações de 2 e 8 mg/kg de peso corporal, causaram a morte em dois minutos. O presente estudo pode ser considerado um estudo pioneiro, uma vez que abrangeu a avaliação dos parâmetros bioquímicos e hematológicos, bem como as alterações histopatológicas.

3.5.1. Efeito dos extractos *de M. pseudopetalosa* no peso corporal de ratos Wistar

A aplicação dos extractos de acetato de etilo e de etanol *de M. pseudopetalosa* em ratos Wistar produziu uma tendência geral que não mostrou quaisquer diferenças significativas entre os grupos de teste e de controlo, em quase todas as concentrações utilizadas, relativamente aos seus pesos corporais (Tabelas 13-14). No entanto, as perdas de peso dos ratos Wistar ocorrem a 250 mg/kg de peso corporal quando ambos os extractos foram aplicados. A concentração mais elevada do extrato de etanol utilizada (500mg/kg) foi fatal para os ratos Wistar. Surpreendentemente, verificou-se que uma concentração tão elevada do extrato de acetato de etilo não foi letal para os ratos Wistar. Isto está de acordo com o relatório apresentado por Konate (2011), que testou a toxicidade de extractos aquosos de acetona de *Cienfuegosia digitata* em ratos e ratazanas e registou grandes variações, com baixa significância, nos pesos dos ratos, não tendo sido detectadas correlações clínicas.

Tabela (13): Efeitos de diferentes concentrações do extrato de acetato de etilo do tubérculo *de M. pseudopetalosa* no peso corporal de ratos Wistar.

parâmetro	controlo	50mg/kg	250mg/kg	500mg/kg
Peso inicial	150,37^{a} ±4,48	150,47^{a} ±4,71	150,30^{a} ±4,13	150,43^{a} ±4,25
Peso final	151,70^{a} ±0,1	150,83^{a} ±0,1	144,21^{b} ±0,2	148,32^{ab} ±0,3

As médias com o mesmo sobrescrito na linha para cada parâmetro não são significativamente diferentes ($p<0,05$)

Tabela (14): Efeitos de diferentes concentrações do extrato etanólico do tubérculo *de M. pseudopetalosa* no peso corporal de ratos Wistar.

parâmetro	controlo	50mg/kg	250mg/kg	500mg/kg
Peso inicial	150,27^{a} ±4,47	150,60^{a} ±4,84	150,22^{a} ±4,96	-
Peso final	151,60^{a} ±0,2	149,23a^{b} ±0,01	145,00^{b} ±0,01	-

As médias com o mesmo sobrescrito ao longo da linha para cada parâmetro não são significativamente diferentes ($p<0,05$).

- Não examinado (morto)

3.5.2. Testes serobioquímicos

Os índices bioquímicos monitorizados para o fígado e o soro são marcadores úteis para avaliar as capacidades funcionais de um órgão. Os índices bioquímicos da função de um órgão, se alterados, prejudicam as suas funções normais (Afolayan e Yakubu, 2009). A administração dos extractos de tubérculos em etanol e acetato de etilo a ratos Wistar - no presente estudo - causou efetivamente níveis anormais e elevados de muitos parâmetros bioquímicos e hematológicos. A dose oral de 500 mg/kg de peso corporal do extrato de etanol durante um período de 7 dias conduziu a seis mortes espontâneas; três delas ocorreram no segundo dia, enquanto as outras três ocorreram no sexto dia em todos os ratos administrados com esta concentração.

A administração dos extractos de etanol e de acetato de etilo do tubérculo de *M. pseudopetalosa* a ratos Wistar no presente estudo foi associada a algumas alterações nos parâmetros bioquímicos. Em comparação com o controlo, a atividade da AST nos grupos de acetato de etilo foi significativamente mais elevada nos ratos que receberam 50 mg/ kg de extrato, sendo quase semelhante no grupo que recebeu 250 e 500 mg/kg de peso corporal. Por outro lado, os valores de ALT e ALP não foram significativamente diferentes em comparação com o controlo (Quadro 15).

No caso do extrato etanólico, as actividades AST, ALT e ALP não foram significativamente diferentes das do controlo (Quadro 16). Pode notar-se que as três actividades enzimáticas, especialmente a AST, não são consistentes para indicar danos hepáticos, exceto talvez para os níveis elevados de AST nos ratos que receberam o extrato de acetato de etilo. No entanto, a AST e a ALT são consideradas marcadores úteis de danos no fígado (Kaneko e Cornelius, 1985; Bush, 1991; Mumoli e Cosimi, 2006; Afolyan e Yakubu, 2009). Mohammed *et al.*(2010) observaram que os níveis de ALT e AST diminuíram em ratos que receberam etanol e fração de butanol de sementes *de Buchholzia coricea* (que pertencem à mesma família da planta aqui utilizada) às quais foi adicionada estreptozotocina. Ojiako e Nwanjo (2006) indicaram que os níveis de AST aumentam sempre após hepatotoxicidade. Nwanjo (2007) considerou que aumentos insignificantes nos níveis de AST e ALT no soro indicam efeitos não hepatotóxicos do extrato de folhas de *Phyllanthusnisruri*.

Tabela (15): Níveis bioquímicos em ratos Wistar tratados por via oral com diferentes concentrações de extractos de acetato de etilo do tubérculo de *M. pseudopetalosa* durante um período de 7 dias

Parâmetro	Controlo	50 mg/kg	250mg/kg	500mg/kg
AST U/L	156,67^{b} ±16,0	211,83^{a} ±10,1	150,83^{b} ±14,0	144,67^{b} ±602
ALT U/L	26,83^{a} ±1,3	31,67^{a} ± 3,1	32,33^{a} ±1,0	25,17^{a} ±6,1
ALP U/L	285,33^{a} ±30,1	282.17^30.5	222,00^{a} ±30,5	248,50^{a} ±30,5
P.T. g/L	8,20^{a} ±1,0	7,40^{b} ±1,0	5,90^{c} ±2,1	5,55^{c} ±2,1
Alb. g/L	5,05^{a} ±1,0	4,73^{a} ±1,0	3,60^{b} ±2,2	3,87^{b} ±2,5
Colesterol mg/dL	93,50^{a} ±8,5	84,83^{ab} ±2	69,33^{b} ±6,1	90,33^{ab} ±7,1
T.B mg/dL	0,60^{a} ±.01	0,53^{a} ±.01	0,092^{b} ±,002	0,072^{b} ±,002
D.B mg/dL	0.122^.001	0,0767^{b} ±006	0,050^{cb} ±.001	.0117^{c} ±.002
Ureia mg/dL	52,83^{a} ±5,3	59,33^{a} ±1,2	59,17^{a} ±1,6	41,50^{a} ±6,2

As médias com o mesmo sobrescrito na linha para cada parâmetro não são significativamente diferentes (p<0,05).

Tabela (16): Níveis bioquímicos em ratos Wistar tratados por via oral com diferentes concentrações de extractos etanólicos de tubérculos *de M. pseudopetalosa.*

Parâmetro	**Controlo**	**50 mg/kg**	**250mg/kg**	**500mg/kg**
AST U/L	156,67^{a} ±7,80	168,33^{a} ±10,2	162,67^{a} ±9,20	-
ALT U/L	26,83^{a} ±2,0	25,33^{a} ±1,2	29,83^{a} ±1,3	-
ALP U/L	285,33^{a} ±10,6	302,83^{a} ±15,9	260,33^{a} ±16,6	-
P.T. g/L	8,20^{a} ±1,1	6,08^{b} ±.001	5,80^{b} ±.002	-
Alb. g/L	5.37^{a} ±.80	3.48^{b} ±.31	3.58^{b} ±.32	-
Colesterol mg/dL	93,5^{a} ±4,3	81,83^{ab} ±5,2	72,83^{b} ±4,6	-
T.B mg/dL	0. 60^{a} ±.06	0,15^{b} ±.03	0,178^{b} ±.01	-
D.B mg/dL	0. 122^{a} ±005	0,04^{a} ±.001	0,095^{a} ±.001	-
Ureia mg/dL	52,83^{a} ±3,2	31,0^{b} ±1,2	40,17^{b} ±4,0	-

As médias com o mesmo sobrescrito ao longo da linha para cada parâmetro não são significativamente diferentes (p<0,05). - não detectado (morto).

As alterações no P.T. revelaram uma diminuição significativa (p <0,05) em todos os ratos tratados com acetato de etilo e extractos etanólicos em comparação com o controlo. A proteína sérica ou plasmática é uma mistura muito complexa de uma variedade de proteínas e a sua determinação é clinicamente muito valiosa e reflecte o estado interno de um indivíduo. As proteínas são essenciais para o crescimento e a substituição de tecidos desgastados. A taxa de divisões celulares é determinada principalmente pela taxa de síntese proteica (Baxter et al.,1987). Os resultados obtidos podem indicar uma redução da função hepática nos grupos de ratos tratados (Naganna, 1989; Tietz, 1994; Yakubu *et al.*, 2007). Atere e Ajoa (2009) relataram uma tendência decrescente nos níveis de proteína total no soro em ratos administrados com fração alcaloide bruta de raízes *de Cnestis ferruginea* D. C.. C. raízes.

Os resultados obtidos pelo teor de Alb. para o extrato de acetato de etilo mostraram que houve uma diminuição significativa nos ratos que receberam 250 e 500mg/kg de peso corporal, enquanto não foram observadas diferenças significativas nos ratos que receberam 50mg/kg de peso corporal. O extrato etanólico apresentou uma diminuição significativa.

A lesão hepática reduz a síntese de albumina e, de um modo geral, observa-se uma diminuição das proteínas plasmáticas (Dhanotiya ,2004). A diminuição dos níveis de proteínas totais e de albumina pode dever-se à redução da ingestão de proteínas a partir do intestino (Rolls,2000), o que é considerado uma indicação da diminuição da função de síntese da lesão hepática.

Os grupos de 250 mg/Kg de acetato de etilo e etanólico mostraram uma diminuição significativa ($p < 0,05$) nos valores de colesterol em comparação com o controlo, enquanto não foram observadas diferenças significativas nas outras doses. A bilirrubina total e direta mostrou uma diminuição significativa ($p < 0,05$) em todos os ratos tratados com extrato de acetato de etilo, mas não foi observada qualquer alteração significativa na dose de 50 mg/kg de peso corporal. O extrato etanólico não exerceu qualquer diferença significativa nos valores de D.B, enquanto os valores de T.B mostraram uma diminuição significativa.

As concentrações de ureia não mostraram alterações significativas nos grupos de acetato de etilo, enquanto se observou uma diminuição significativa ($p < 0,05$) nos grupos de ratos com etanol. (Quadro 15 e 16). Num estudo anterior, os ratos Wistar que receberam extractos de folhas de *Marinda lucida* não apresentaram diferenças significativas nas concentrações de ureia em comparação com o controlo. Estas alterações em alguns dos parâmetros relatados neste estudo podem indicar que os extractos de tubérculo de *M. psuedopetalosa* possuem uma toxicidade ligeira que afecta a função hepática. Por conseguinte, os extractos brutos do tubérculo podem não ser completamente seguros como remédios orais.

As alterações e variações observadas nos parâmetros bioquímicos nos grupos de ratos tratados, tanto para os extractos de acetato de etilo como de etanol, podem ser atribuídas à diferença nos ingredientes extraíveis com diferentes solventes (Habrome, 1973). Parece que o acetato de etilo tem uma capacidade de extração mais positiva para componentes que influenciariam os parâmetros bioquímicos sanguíneos.

3.5.3. Achados hematológicos

A administração de preparações à base de plantas sem qualquer dosagem padrão, juntamente com a não disponibilidade de estudos científicos adequados sobre a sua segurança, suscitou preocupações quanto à sua toxicidade (Saad *et al.*,2006).

A avaliação dos parâmetros hematológicos pode ser utilizada para determinar a extensão do efeito deletério de compostos estranhos, incluindo extractos de plantas, sobre os constituintes sanguíneos de um animal (Ajagbonna *et al.,* 1999; Ashafa *et al.,* 2009; Yakubu *et al.,* 2007). Pode ser utilizado para explicar as funções do composto químico ou do extrato de planta relacionadas com o sangue (Yakubu *et al.,* 2007). Os vários parâmetros hematológicos investigados neste estudo são índices úteis que podem ser utilizados para avaliar os potenciais tóxicos dos extractos de plantas em sistemas vivos (Sunmonu e Oloyede, 2010). Esses testes de toxicidade são relevantes para a avaliação de riscos, uma vez que as alterações no sistema hematológico têm um valor preditivo mais elevado para a toxicidade humana, quando os dados são traduzidos de estudos em animais (Olson *et al.,* 2000).

A administração do extrato de acetato de etilo dos tubérculos *de M. psuedopetalosa* teve efeitos significativos em alguns parâmetros hematológicos; foi observada uma diminuição significativa nos valores de RBC e HCT na dose de 50 mg/ kg. Os valores mais elevados de MCH, MCHC, GR e MO foram obtidos para os ratos que receberam a dose de 50 mg/kg e estes foram significativamente mais elevados ($P<0,05$) do que os valores do controlo ou dos ratos tratados com 500mg/kg de extrato de acetato de etilo. Além disso, os valores de MCHC e MO também foram significativamente mais elevados do que os dos ratos que receberam a dose de 250 mg/kg (Quadro 17). Por outro lado, o extrato etanólico não mostrou qualquer efeito significativo na maioria dos parâmetros hematológicos, exceto na contagem de PLT, que apresentou uma diminuição significativa (P<0,05) (Quadro 18). A MCHC aumentou significativamente nos grupos tratados em comparação com o controlo. Foi referido que a redução da contagem de plaquetas em animais experimentais indica um efeito adverso na capacidade de transporte de oxigénio do sangue (Li *et al.,* 1999, Mclellanet *et al.,* 2003). No entanto, Attwish *et al.* (2002), Chavalittumronget *al.* (2003) e Orleans *et al.* (2010) não encontraram diferenças significativas nos parâmetros sanguíneos que testaram em ratos Wistar que receberam extractos aquosos de ervas em diferentes concentrações.

Os linfócitos são as principais células eficazes do sistema imunitário (Yakubu *et al.,* 2007). Os presentes resultados não indicam qualquer diferença significativa nas contagens de LY nos grupos de ratos tratados em comparação com o controlo, exceto nos ratos que receberam a dose de 50 mg/kg de acetato de etilo ou extractos de etanol; estes mostraram uma diminuição significativa nas contagens de LY. Sabe-se que os monócitos aumentam em caso de infeção. Este aumento pode possivelmente levar à estimulação do sistema imunitário, tal como referido por Ashafa e Olunu (2011).

Resultados semelhantes aos obtidos nesta investigação para os grupos de ratos com extrato de etanol PDW e RDW foram obtidos por Chavalittumrong, *et al.* (2003) e Orleans *et al.* (2010) que não detectaram diferenças significativas nos dois parâmetros em ratos administrados com extractos aquosos de ervas.

Resultados semelhantes aos obtidos com o extrato de acetato de etilo foram obtidos por Chinenye *et al.* (2011), que registaram aumentos significativos na percentagem de GR em ratos albinos fêmeas que receberam extrato aquoso de *Ficus platyphylla.* Orleans *et al.* (2010) também registaram um aumento insignificante do GR em ratos que receberam um extrato aquoso de ervas.

Foi relatado que o tratamento de ratos Wistar com concentrações de 100, 200, 30 e 400 mg/kg de extractos aquosos de *Anispus mannii* não causou diferenças significativas nos valores de HB e WBC, em comparação com o controlo, mesmo quando o período de tratamento foi prolongado para 28 dias, enquanto se observou um aumento significativo efetivo nos valores de RBC em 14 dias (Sani *et al,* 2009). O efeito não significativo do extrato etanólico nos leucócitos pode significar que o equilíbrio entre a taxa de produção e de destruição dos corpúsculos sanguíneos não foi afetado. O MCH, o MCHC e o MCV referem-se a glóbulos vermelhos individuais, enquanto a Hb, o RBC e o PCV estão associados à população total de glóbulos vermelhos. Por conseguinte, a ausência de um efeito significativo observável dos extractos em qualquer um destes parâmetros pode ser uma indicação de que nem a incorporação de hemoglobina nos glóbulos vermelhos nem a morfologia e a fragilidade osmótica dos glóbulos vermelhos foram alteradas (Adebayo *et al.,* 2005).

Em geral, os resultados hematológicos obtidos para os grupos de ratos tratados com o acetato de etilo ou o extrato de etanol não são consistentes para se chegar a uma conclusão sólida.

As alterações no quadro hematológico dos ratos que receberam ambos os extractos de *M. pseudopetalosa* não foram significativas para indicar efeitos tóxicos óbvios dos extractos da planta. Podem ser necessários mais estudos utilizando diferentes níveis de dose de ambos os extractos e grandes grupos de animais para obter informações fiáveis sobre a toxicidade de *M. pseudopetalosa.*

Tabela (17): Parâmetros hematológicos de ratos Wistar tratados por via oral com diferentes concentrações de extrato de tubérculo de acetato de etilo *de M. pseudopetalosa.*

Parameter	Control	50 mg/kg	250mg/kg	500mg/kg
WBC10^9/L	6.54^a±1.1	5.14^a±1.2	5.29^a±1.1	6.19^a±1.2
RBC10^{12}/L	9.80^a±1.0	7.06^b±1.5	8.84^a±0.5	8.78^a±0.5
HGB g/dL	141.17^a±10	110.17^b±3.9	132.67^{ab}	129.67^{ab}±3.7
MCV fl/red cell	61.67^a±5	60.67^a±4.6	61.33^a±2.1	62.17^a±5.5
MCH pg/red cell	14.38^b±1.0	15.57^a±0.8	15.10^{ab}±0.9	14.68^b±1.0
MCHC g/dL	233.5^c±7	256.17^a±2	245.67^b±6	236.17^c±3
HCT %	$61.\ 78^a$±8.6	42.95^b±4.6	53.95^a±2.3	54.80^a±2.4
MPV fl/plate let	7.68^a±1.03	7.28^a±1.02	7.50^a±1.01	7.58^a±1.0
PLT 10^9/L	910.33^a±5.2	666.2^a±31	887.8^a±32	837^a±30
RDW	15.62^a±1.1	16.03^a±0.9	16.38^a±2.1	16.22^a±1.2
PDW	32.60^a±2.3	31.77^a±1.8	32.38^a±1.0	31.73^a±0.9
LY	24.82^a±6.1	60.13^b±5.8	72.38^a±7.1	74.90^a±6.5
GR	20.63^b±2.3	30.75^a±9.2	23.70^{ab}±3.01	19.00^b±2.1
MO	5.08^b±1.0	8.97^a±2.1	3.97^b±0.5	3.13^b±1.0
GRA	1.24^a±0.01	1.84^a±0.02	1.53^a±.003	1.28^a±.001
LYM	4.92^a±0.9	3.26^a±0.8	4.36^a±0.7	4.96^a±0.6

As médias com o mesmo sobrescrito na linha para cada parâmetro não são significativamente diferentes ($p<0,05$).

Tabela (18): Parâmetros hematológicos de ratos Wistar tratados por via oral com diferentes concentrações de extractos de acetato de etilo do tubérculo de *M. pseudopetalosa*.

Parameter	Control	50 mg/kg	250mg/kg	500mg/kg
WBC10^9/L	$6.56^{a}\pm1.70$	$8.05^{a}\pm2.02$	$6.86^{a}\pm1.06$	-
RBC10^{12}/L	$9.80^{a}\pm2.1$	$7.87^{a}\pm1.0$	$9.42^{a}\pm2.3$	-
HGB g/dL	$141.17^{a}\pm20.2$	124.83^{a}	$139.33^{a}\pm15.8$	-
MCV fl/red cell	$61.68^{ab}\pm2.4$	$63.33^{a}\pm3.0$	$59.67^{b}\pm1.2$	-
MCH pg/red cell	$16.05^{a}\pm1.01$	$15.197^{a}\pm1.2$	$14.90^{a}\pm1.0$	-
MCHC g/dL	249^{b}	251.67^{ab}	249.3^{b}	-
HCT %	$60.45^{a}\pm8.5$	$49.58^{a}\pm7.9$	$56.38^{a}\pm9.7$	-
MPV fl/plate let	$7.68^{a}\pm1.0$	$7.78^{a}\pm1.0$	$7.32^{a}\pm0.1$	-
PLT 10^9/L	$910.33^{a}\pm53$	$773.33^{ab}\pm40$	$705.83^{b}\pm50$	-
RDW	$15.55^{a}\pm1.4$	$16.23^{a}\pm1.5$	$16.03^{a}\pm1.6$	-
PDW	$32.60^{a}\pm3.2$	$32.68^{a}\pm2.3$	$32.68^{a}\pm2.4$	-
LY 10^9/L	$77.28^{a}\pm9.4$	$65.43^{b}\pm6.0$	$70.63^{ab}\pm8.2$	-
GR	$20.63^{a}\pm2.3$	$30.75^{a}\pm4.02$	$24.83^{a}\pm2.4$	-
MO10^9/L	$5.08^{a}\pm0.1$	$3.83^{a}\pm0.2$	$4.52^{a}\pm0.1$	-
LYM	$4.91^{a}\pm1.0$	$5.22^{a}\pm0.1$	$4.82^{a}\pm0.1$	-
GRA	$1.307^{a}\pm.001$	$2.518^{a}\pm.002$	$1.747^{a}\pm.00$	-

As médias com o mesmo sobrescrito na linha para cada parâmetro não são significativamente diferentes ($p<0,05$).

- não detectado (morto).

3.5.4. Alterações histopatológicas

O fígado é o primeiro órgão a encontrar os nutrientes ingeridos, os medicamentos e os tóxicos ambientais que entram na veia porta hepática a partir do sistema digestivo. As funções hepáticas podem ser extremamente afectadas por lesões resultantes de uma exposição grave ou crónica a tóxicos (Shyamal *et al.*,2010). Os índices funcionais do fígado, sendo um alvo vulnerável a uma série de tóxicos, foram mais facilmente afectados, uma vez que o fígado é considerado um alvo suscetível a uma série de substâncias tóxicas.

O fígado também é conhecido por metabolizar materiais estranhos em compostos que também podem ser hepatotóxicos (Afollayan e Yakubu,2009).

Nesta investigação, os fígados de ratos tratados com extractos de etanol na dose de 50 mg/kg de peso corporal foram caracterizados por determinadas alterações histopatológicas, como a perda de núcleos, a picnose nuclear e, em algumas células, a acidofilia citoplasmática (Fig. 18). No entanto, o tratamento com extrato de acetato de etilo (50 mg/kg de peso corporal) mostrou alguns hepatócitos com variações no tamanho dos núcleos e alguns deles tinham tendência para perder os seus núcleos (Fig. 19). Por outro lado, as secções de fígado de rato tratadas com a dose de 250 mg/kg de peso corporal do extrato etanólico apresentaram vasos sanguíneos e sinusóides dilatados (Fig. 20). Resultados semelhantes a estes foram relatados por Al Rawi (2007) para o extrato *de Trifolium sp.* e Ahmed (2009) para o *extrato de Clatropics procerae,* que descobriram que havia dilatações na veia central e sinusóides e picnose nuclear. Também Dhanabal *et al.* (2007) registaram células com picnose e citoplasma intensamente eosinofílico depois de examinarem o efeito do cloridrato de D-galactosamina em ratos albinos da estirpe Wistar. Além disso, os ratos tratados com 500mg/kg de peso corporal de extrato de acetato de etilo resultaram em inchaço dos hepatócitos e vacuolação citoplasmática (Fig.22).

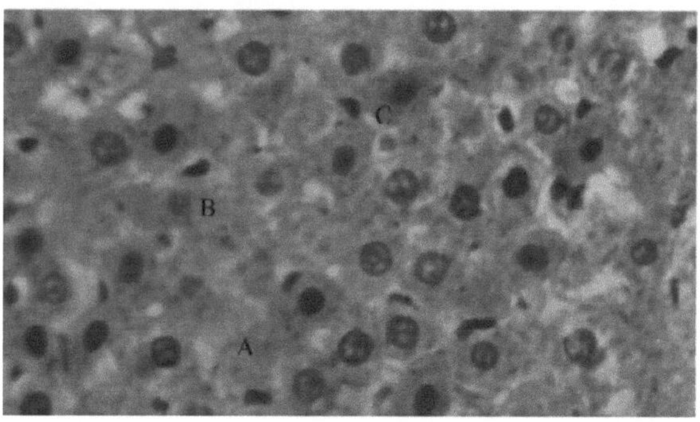

Fig.(18): Secção do fígado mostrando: A- perda de núcleos B- picnose nuclear C- acidofilia citoplasmática em algumas células em ratos tratados com 50mg/kg de extrato etanólico de *M. pseudopetalosa* (H&E X400).

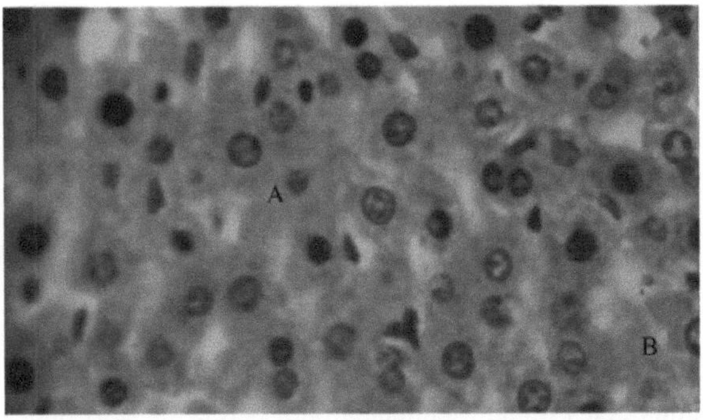

Fig.(19): Secção do fígado mostrando: A- hepatócitos com tamanho nuclear variável B- alguns mostrando perda de núcleos em ratos tratados com 50 mg /kg de extrato de acetato de etilo de *M. pseudopetalosa* (H&EX400).

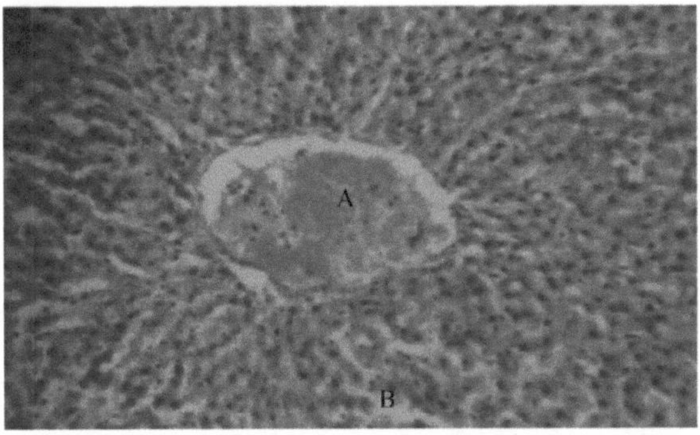

Fig. (20): Secção do fígado mostrando: A- veia central dilatada B- sinusóides dilatados em ratos tratados com 250 mg/kg de extrato etanólico de *M. pseudopetalosa* (H&Ex250).

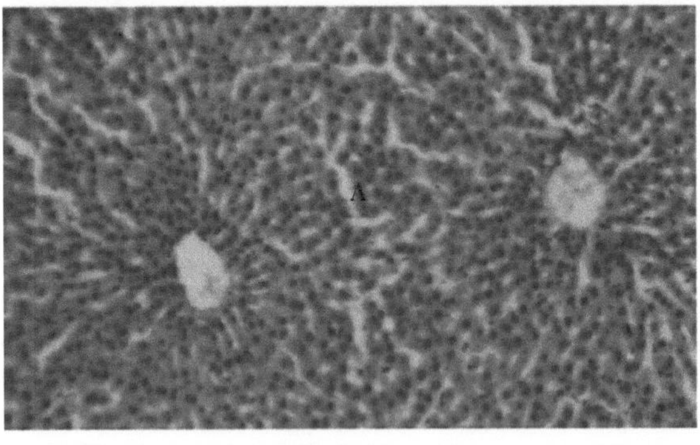

Fig.(21): Secção do fígado mostrando uma ligeira dilatação sinusoidal em ratos tratados com 250 mg/kg de extrato de acetato de etilo de *M. pseudopetalosa* (H&Ex250).

As alterações histopatológicas registadas nesta investigação relativamente às secções do baço revelaram polpas brancas empobrecidas com linfócitos frouxamente dispostos em ratos que receberam oralmente 50 mg/kg de peso corporal de extrato de acetato de etilo

(Fig. 23 e 24). Este resultado está de acordo com os resultados relatados por Ahmed (2009) que observou uma depleção linfoide em ratos tratados com 50 mg/kg de peso corporal de extrato *de Calatropis procera.*

Os baços dos ratos tratados com extractos etanólicos de 250mg/kg de peso corporal (Fig. 25) não apresentaram alterações claras e mostraram polpas brancas normais. Isto está de acordo com os resultados de Preeja *et al.* (2011), que examinaram extractos de metanol de *Plectrnthus amboinicus* e não registaram quaisquer alterações anormais nos baços de ratos Wistar.

Secções do coração de ratos administrados com o extrato de acetato de etilo do tubérculo, numa dose de 50 mg/kg, revelaram separação dos músculos, com alguns a mostrarem coloração eosinofílica escura que pode denotar degeneração hialina (Fig. 26). Resultados semelhantes foram obtidos por Mahendra *etal.* (2010) e Khatib *et al.* (2010), que referiram que o tratamento com isopropanol induziu a separação das fibras musculares cardíacas, enquanto as fibras musculares de animais tratados com doxorrubicina apresentaram eosinofilia citoplasmática.

Foram observados músculos reduzidos (atrofia) e fragmentados em ratos tratados com a mesma concentração (Fig. 27); enquanto os animais administrados com extrato etanólico de 50 mg/kg de peso corporal exibiram uma aparência bastante normal com uma ligeira variação na capacidade de coloração e a presença de núcleos musculares alongados, em algumas células (Fig. 28).

Quando se utilizou o extrato etanólico na dose de 250 mg/kg de peso corporal, os músculos do coração mostraram ligeiras variações na capacidade de coloração e exibiram núcleos alongados (Fig. 29); enquanto que nos ratos tratados com 250 mg/kg de peso corporal

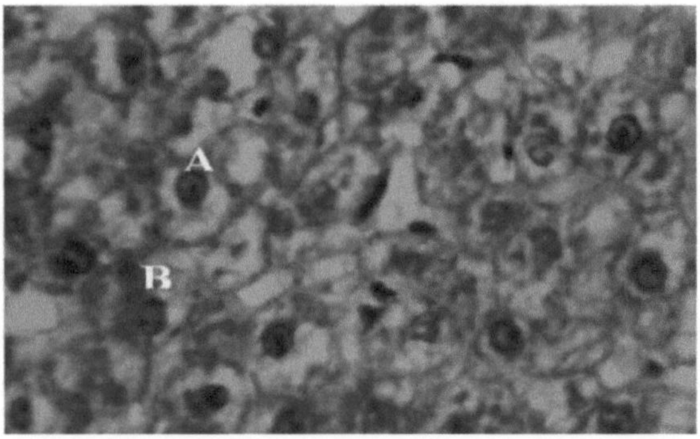

Fig.(22): Fígado: mostrando: A: inchaço dos hepatócitos; B: vacuolação citoplasmática em ratos tratados com 500 mg/kg de extrato de acetato de etilo de *M. pseudopetalosa* (H &EX100).

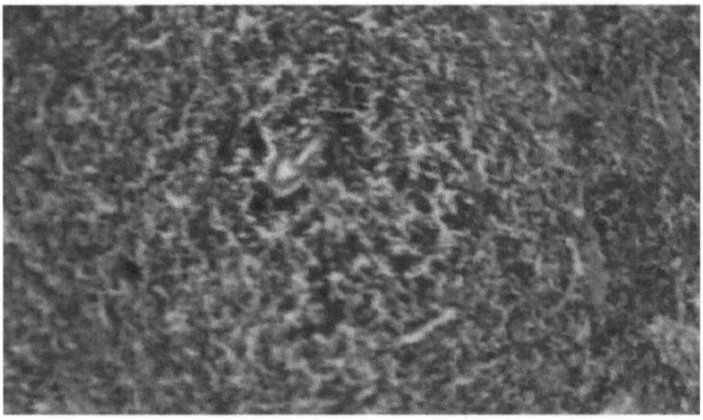

Fig.(23): Secção do baço mostrando polpas brancas reduzidas com linfócitos frouxamente dispostos em ratos tratados com 50mg/kg de extrato de acetato de etilo de *M. pseudopetalosa* (H&E X250).

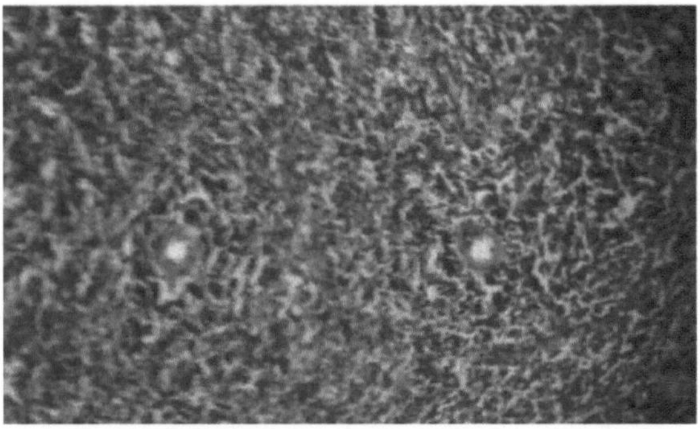

Fig.(24): Secção do baço mostrando polpas brancas empobrecidas com linfócitos frouxamente dispostos em ratos tratados com 50mg/kg de extrato de acetato de etilo de *M. pseudopetalosa* (H&EX250).

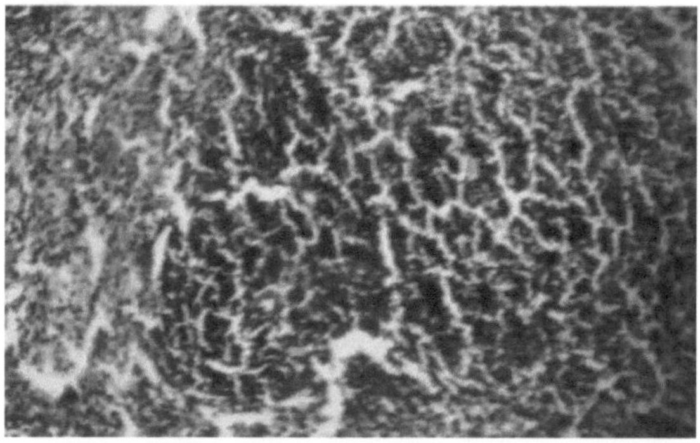

Fig.(25): Secção do baço mostrando polpa branca normal em ratos tratados com 250 mg/kg de extrato etanólico de *M. pseudopetalosa* (H&EX250).

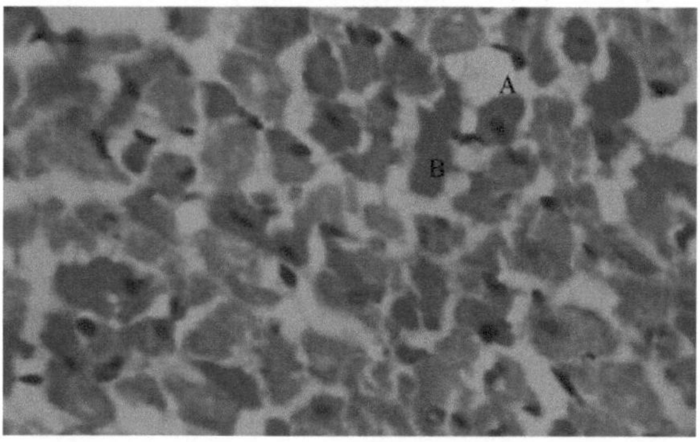

Fig.(26): Secção do coração mostrando: A- músculos separados B- com alguns apresentando coloração escura easinofílica (hialinização) em ratos tratados com 50mg/kg de extrato de acetato de etilo de *M. pseudopetalosa* (H&EX250).

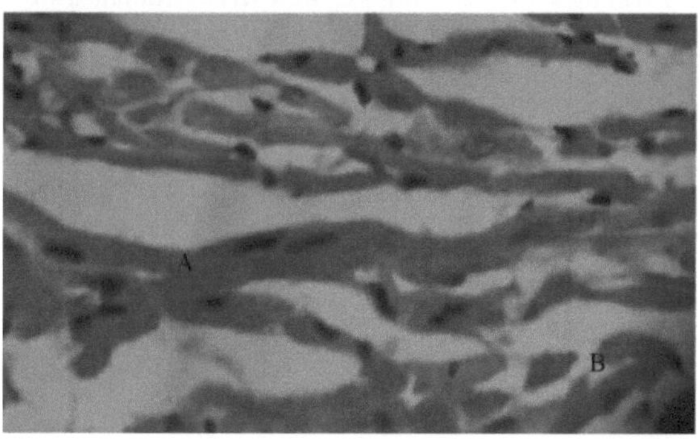

Fig.(27): Secção do coração mostrando: A- atrofiado B- músculos fragmentados em ratos tratados com 50 mg/kg de extrato de acetato de etilo de *M. pseudopetalosa* (H&E X400).

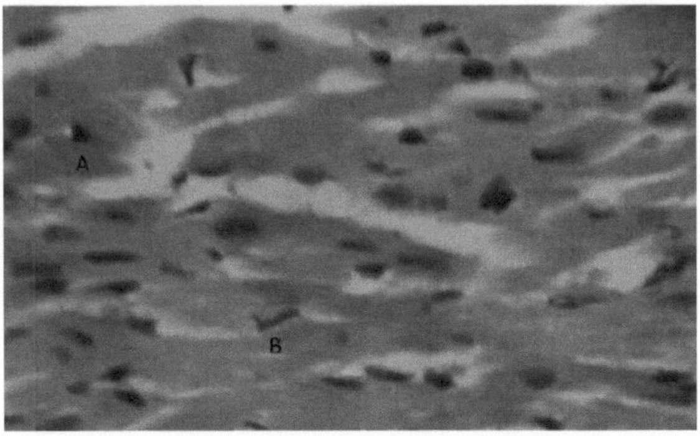

Fig.(28): Secção do coração mostrando: aspeto bastante normal com A- ligeira variação na capacidade de coloração B- núcleos musculares alongados em algumas células em ratos tratados com 50mg/kg de extrato etanólico de *M. pseudopetalosa* (H&EX400).

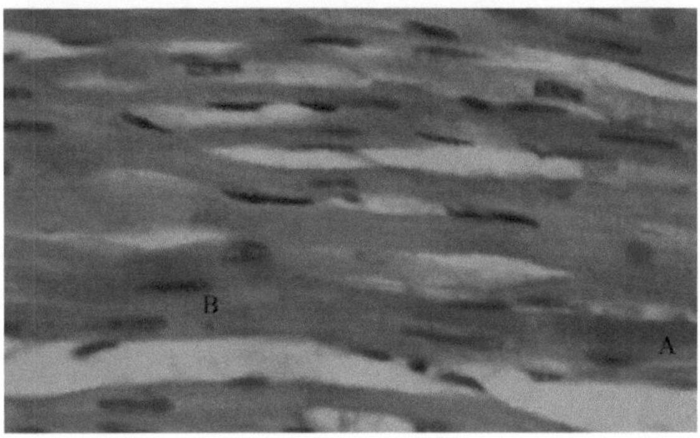

Fig.(29): Secção do coração mostrando: A- ligeira variação na coloração B- núcleos alongados em ratos tratados com 250 mg /kg de extrato etanólico de *M. pseudopetalosa* (H&EX400).

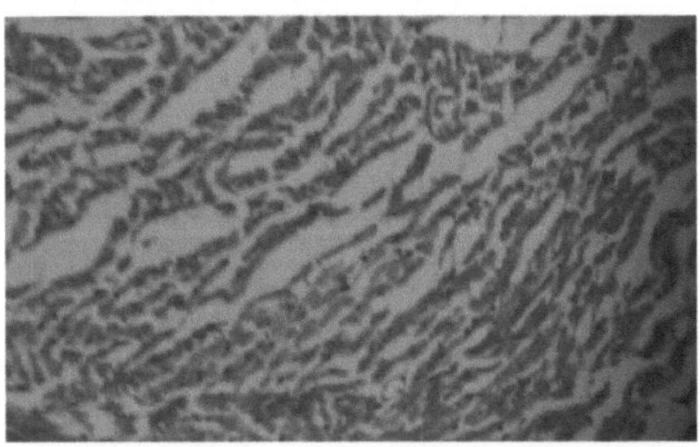

Fig.(30): Secção do coração mostrando: músculos finos separados em ratos tratados com 250mg /kg de extrato de acetato de etilo de *M. pseudopetalosa* (H&E X100).

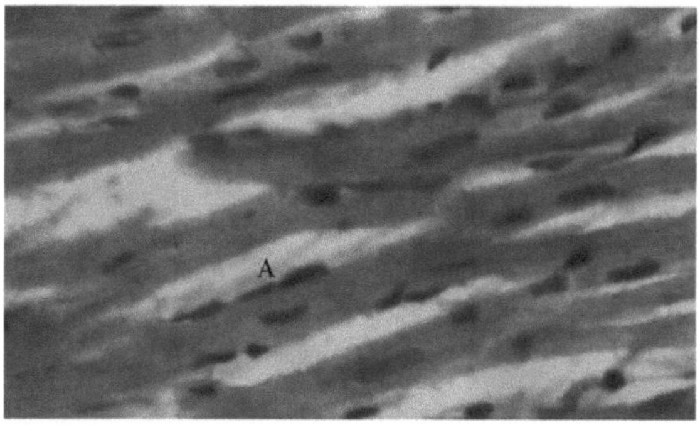

Fig. (31): Secção do coração mostrando um aspeto bastante normal com células intersticiais aumentadas em ratos tratados com 500 mg /kg de extrato de acetato de etilo de *M. pseudopetalosa* (H&E X400).

No tratamento com extrato de acetato de etilo, os músculos cardíacos apareceram finos e separados (Fig. 30). Resultados semelhantes foram obtidos por Ahmed (2009) que relatou músculos cardíacos finos e separados nos ratos tratados com 50 mg/kg de peso corporal de extrato etílico de *Nerium oleander*. Os músculos cardíacos dos ratos tratados com 500 mg/kg de peso corporal de extrato de acetato de etilo tinham um aspeto bastante normal com células intersticiais aumentadas (Fig. 31).

Uma explicação dos resultados obtidos pela utilização dos dois extractos, exercendo os seus efeitos nos músculos cardíacos de ratos Wistar, deve-se muito provavelmente ao efeito dos glicosídeos esteróides detectados. Harborne (1973) afirmou que a maioria dos glicosídeos cardíacos são tóxicos e muitos têm atividade farmacológica no coração. Além disso, Wagner *et al.* (1996) verificaram que estes compostos afectam especificamente a dinâmica do ritmo dos músculos cardíacos insuficientes.

3.6. Teste de letalidade da artémia

Diversos estudos demonstraram que a letalidade da artémia é um bioensaio geral que constitui um excelente método para investigações preliminares da toxicidade, a fim de analisar plantas medicinais utilizadas popularmente para diversos fins e para monitorizar o isolamento de compostos biologicamente activos (Pisutthanan *etal.,2004)*. O ensaio com artémia foi estabelecido como um método seguro, prático e económico para a determinação da bioatividade de compostos sintéticos (Almeida *et al.,* 2002), bem como de produtos vegetais (Meyer *et al.,* 1982; McLaughlin *et al.,* 1991). O ensaio com artémia tem sido sucessivamente utilizado para o fracionamento guiado por bioensaios de agentes citotóxicos e antitumorais activos (Parra *et al.*, 2001). Também referiram que existe uma correlação positiva entre a letalidade para a artémia e a dose oral letal correspondente em ratos.

O reino vegetal representa um enorme reservatório de moléculas biologicamente activas e, até agora, apenas foram testadas pequenas fracções de plantas com atividade medicinal. Cerca de 50% dos fármacos utilizados na medicina são de origem vegetal. Por conseguinte, existe atualmente muita investigação dedicada à investigação fitoquímica de plantas superiores que possuem informações etanobotânicas associadas. Os fitoquímicos (metabolitos secundários) isolados são depois analisados quanto a diferentes tipos de atividade biológica (Harborne, 1998).

Além disso, haverá necessidade de procurar e desenvolver permanentemente novos medicamentos naturais. Esta necessidade decorre também da vantagem de certos produtos naturais no controlo de algumas doenças que os produtos químicos não conseguem controlar. Por exemplo, verificou-se que as acetogeninas de anonáceas, extraídas da árvore papaia (Asimina triloba Dunal), são as mais eficazes contra um tipo de tumor selecionado, por exemplo, a squamtacina é selectiva contra a linha celular de carcinoma da próstata humano (PC-3) e uma série de compostos de 9-carbonilo funcionam melhor contra a linha celular de tumor pancreático humano (PaCa-2) (Ahammadsahib *et al,* 1993).

A este respeito, foi utilizado um bioensaio simples para efeitos de rastreio (Hostettmann, 1991). Assim, as larvas de Artemia salina (náuplios de artémia) têm sido utilizadas como organismo-alvo para detetar compostos bioactivos em extractos de plantas e a toxicidade para este crustáceo tem uma boa correlação com as actividades antitumorais no homem (McLaughlin, 1991), uma vez que a artémia responde de forma semelhante ao sistema mamífero correspondente (Solis *et al.,* 1993).

A citotoxicidade através do teste da artémia é estudada com o objetivo de revelar novos compostos anticancerígenos (Harborne, 1998). Por conseguinte, este estudo teve como objetivo avaliar a citotoxicidade das fracções de tubérculos de *M. pseudopetalosa* contra larvas de artémia como uma nova fonte potencial de agente antitumoral natural e as fracções bioactivas foram submetidas a análise GC/MS.

Duas fracções de solventes, nomeadamente etanol e acetato de etilo, foram utilizadas para determinar as suas citotoxicidades contra a artémia *Artemia salina* (LC_{50}) após o fim do ponto final de mortalidade de 24 horas, de acordo com o método descrito por Meyer *et al.*(1982). Os resultados deste estudo são classificados como: LC_{50} menor que 20 µg/ml e foi considerado altamente tóxico, LC_{50} de 20 a 100 µg/ml como tóxico, LC_{50} de 100 a 500µg/ml como moderadamente tóxico e de 500 a 1000µg/ml foi fracamente tóxico de acordo com Padmaja *et al.*(2002). No entanto, Meyer (1982) considerou os valores LC_{50} >1000 µg/ml como não tóxicos ou seguros.

De facto, os resultados na Tabela 19 revelaram que o extrato de etanol é um extrato muito promissor com uma toxicidade notável contra larvas de artémia. As quatro fracções f_8 , f_9 , f_{11} e f_{12} ; têm os efeitos de citotoxicidade mais elevados com valores iguais a 1,25, 7,98, 0,185 e 0,041 µg/ml, respetivamente.

Tabela (19): Letalidade das fracções vegetais para a artémia.

*N.F	LC_{50} Ethanol fractions	(µg/ml)s Ethyl acetate fractions
1	>1000	37.80(0.00-298.16)
2	>1000	883(186.5-12552)
3	>1000	>1000
4	102(50.43-206.05)	375.4(205.2-840.8)
5	807(7.85-142.1)	>1000
6	>1000	744.3(236..1-16738.7)
7	89.9(22.5-326.7)	299.7(72.7-14875.1)
8	1.25(18.71429988)	520.5(199.8-3591.6)
9	7.98(.9082-20.12)	
10	30.69(2.79-95.82)	
11	0.1853(7.6-445180	
12	0.0413(2.95-9.32)	

***Número** de fracções

O teste de letalidade da artémia revelou os efeitos citotóxicos das fracções *de M. pseudopetalosa* estudadas nesta investigação. Esta é uma indicação clara de que, pela primeira vez, se obtiveram resultados que não foram precedidos por nenhum outro ensaio

Os compostos citotóxicos são os mais comuns na literatura disponível. A importância da citotoxicidade decorre do facto de estar associada à descoberta de compostos anticancerígenos (Moshi *et al.,* 2004 e 2006).

De um ponto de vista farmacológico, foi encontrada uma boa relação com o teste de letalidade da artémia para detetar compostos antitumorais em extractos de plantas terrestres (Mackeen *et al.*, 2000; Zani et al., 1995). A correlação significativa entre o ensaio da artémia e a inibição do crescimento in vitro de linhas celulares de tumores sólidos humanos foi demonstrada pelo National Cancer Institute (NCI, EUA). É significativo porque mostra o valor deste bioensaio como ferramenta de pré-seleção para a investigação de medicamentos antitumorais (Anderson *et al.*, 1991). Para além disso, existe uma correlação positiva entre a toxicidade da artémia e a citotoxicidade do 9KB (carcinoma nasofaríngeo humano) ($p = 0{,}036$ e kappa = 0,56). O teste da artémia estava a ser utilizado como pré-seleção para um painel de seis linhas celulares de tumores sólidos humanos no Laboratório de Cultura de Células do Purdue Cancer Center (McLaughin e Rogers, 1998). Trata-se de um bioensaio internacionalmente aceite para o rastreio de compostos antitumorais (Meyer *et al.*, 1982).

Algumas das outras fracções, incluindo a F_7 com um valor igual a 89,9 µg/ml e a F_{10} (LC_{50} 30,6 µg/ml) são consideradas tóxicas, enquanto a F_5 (LC_{50} 807 µg/ml) foi fracamente tóxica. No entanto, as outras fracções mostraram efeitos não tóxicos nas larvas de artémia. Resultados semelhantes foram obtidos por Adoum (2009) após a aplicação de um extrato aquoso e de acetato de etilo de raízes de *Cochlospermum tinctorium* e da fração clorofórmica da casca do caule de *Entada sudanica*, que apresentaram uma letalidade muito elevada em artémias com valores de CL_{50} de 8µg/ml, 10µg/ml e 6µg/ml.

A toxicidade moderada das fracções 7 e 4 foi demonstrada pelas fracções de acetato de etilo em LC_{50} (299,7 e 375,4µg/ml), enquanto F_2 , F_6 e F_8 foram fracamente tóxicas. Além disso, a F_2 e a F_5 (LC_{50} >1000) produziram efeitos não tóxicos e foram consideradas inactivas ou seguras. F_1 é a única fração que apresentou um efeito tóxico elevado.

Bastos *et al.* (2009) examinaram quatro fracções de *Zeyheria tuberculosa* e relataram que duas delas não eram tóxicas, enquanto as outras duas eram fracamente tóxicas.

Bose *et al.*(2011)estudaram a citotoxicidade de um membro da família Capperaceae (*Cleome viscose*) na artémia *Artemia salina* e mostraram que o seu extrato bruto produziu a citotoxicidade mais proeminente (LC_{50} 28,18 µg/ml).

3.7. Análise por cromatografia gasosa / espetrometria de massa (GC/MS)

A técnica de separação cromatográfica GC/MS foi utilizada para identificar as quatro fracções etanólicas que foram selecionadas de acordo com os seus efeitos citotóxicos contra as larvas de artémia.

Os resultados obtidos pelas análises das diferentes fracções por GC/MS revelaram os seus diferentes constituintes, pesos moleculares, fórmulas e tempos de retenção.

As fracções F8 e F9 são constituídas por dez e oito compostos, respetivamente (quadros 2021). Destes compostos, verificou-se que dois eram comuns nas duas fracções; trata-se de derivados de linolato de etilo e oleato de etilo dos ácidos gordos insaturados correspondentes. Estes dois ácidos gordos são possíveis causas da citotoxicidade observada nas duas fracções (F_8 e F_9);

Tabela (20): Pesos moleculares, tempos de retenção e fórmulas dos compostos presentes em F_8 como revelado pela análise GC/MS.

No.	Compound	Mw.	Rt.time	Formula	Peak area%
1	Octadecanoic acid /stearic acid	284	37.425	$C_{18}H_{36}O_2$	0.95
2	Hexadecanoic acid,ethyl ester (ethyl Palmitate)	284	38.083	$C_{18}H_{36}O_2$	7.08
3	7-Tetradecyne	194	40.067	$C_{14}H_{26}$	1.20
4	9-Octadecenoicacid,(Z)-methyl oleate	296	40.175	$C_{19}H_{36}O_2$	0.55
5	9,12-Octadecadienoic acid	280	40.83	$C_{18}H_{32}O_2$	3.07
6	Cis-9-Hexadecenal	238	40.925	$C_{16}H_{30}O$	2.94
7	Ethyl linoleate	308	41.325	$C_{20}H_{38}O_2$	45.53
8	Ethyl oleate	310	41.417	$C_{20}H_{38}O_2$	37.06
9	Ethyl-9-hexadecenoate	282	41.525	$C_{18}H_{34}O_2$	0.85
10	Heptadecanoic, ethyl ester/ ethyl -n-heptadecanaote	298	41.875	$C_{19}H_{38}O_2$	0.78

uma vez que Ortsater (2011) referiu que os derivados etílicos dos ácidos gordos insaturados oleato e linoleato são conhecidos por apresentarem alguma toxicidade. No entanto, também referiu a potente toxicidade dos derivados do palmitato, o que pode fornecer outra explicação para o aumento da citotoxicidade da fração 8, uma vez que a sua presença está restrita a esta fração.

Uma outra explicação possível para o aumento da citotoxicidade da fração 8 pode dever-se à presença dos derivados etílicos dos ácidos gordos adicionais (para além dos derivados etílicos do oleato e do linoleato) presentes nesta fração, que são substituídos pelos derivados metílicos na fração 9 (obtêm-se pesos moleculares mais elevados devido aos grupos etílicos). Além disso, a presença do derivado decenóico na fração 8 pode também ser considerada como outra prova do aumento da citotoxicidade da fração em comparação com a fração 9, que não possui este derivado.

Tabela (21): Pesos moleculares, tempos de retenção e fórmulas dos compostos representados em F_9, conforme revelado pela análise GC/MS.

No.	Compound	Mw.	Rt.time	Formula	Peak area%
1	Furan-3-carboxaldehyde	96	6.667	$C_5H_4O_2$	2.12
2	Propanol,2,3-dihydroxy/ Glycerose	96	8.492	$C_3H_6O_3$	5.06
3	3-Pyridinecarboxylic acid 1,2,5,6-tetrahydro-1-methyl-methyl ester	155	14.808	$C_8H_{13}NO_2$	8.01
4	2-Furancarboxaldehyde,5-(hydroxyl-methyl)	126	19.633	$C_6H_6O_3$	58.54
5	Octanoic acid, 2-methyl,methyl ester/methyl2-methyl octanoate	172	38.075	$C_{10}H_{20}O_2$	0.80
6	(Z,Z)-heptadeca-8,11-dien-1-yl bromide	314	40.067	$C_{17}H_{31}Br$	0.61
7	Ethyl linoleate	308	41.317	$C_{20}H_{36}O_2$	12.27
8	Ethyl oleate	310	41.408	$C_{20}H_{38}O_2$	9.60

Tabela (22): Pesos moleculares, tempos de retenção e fórmulas dos compostos presentes em F_{11} revelados pela análise GC/MS.

No.	Compound	Mwt.	Rt.time	Formula	Peak area%
1	Methanamine,N-(3-methyl-2-Butenylidene	97	6.725	$C_6H_{11}N$	15.26
2	N,N-Dimethyl-1,3-butadien-1-amine	97	7.417	$C_6H_{11}N$	4.34
3	Cyclobutanone,2,3,3,4-tetramethyl	126	10.692	$C_8H_{14}O$	27.40
4	Hygrine/2-prpanone,1-(methyl-2-pyrrolidinyl)-,	141	13.783	$C_8H_{15}NO$	0.46
5	1-(3-amino propyl)piperidine	142	14.342	$C_8H_{18}N2$	3.39
6	3-Pyridinecarboxylic acid,1,2,5,6-tetrahydro-1-methyl,methyl ester	155	14.817	$C_8H_{13}NO_2$	0.76
7	Morpholine,4-(2-methyl-1propenyl	141	15.308	$C_8H_{15}NO$	22.55
8	6-methyl-6-azabicyclo(3,2,1)octane	125	17.717	$C_8H_{15}N$	2.86
9	1-Methyl-pyrrolidine-2-caroxylic acid	129	18.075	$C_6H_{11}NO_2$	1.12
10	5-hydroxy piperidine carboxylic acid	145	18.217	$C_6H_{11}N_3O$	9.65
11	1,4-cis-Cyclohexanedicarboxylic acid,dimethyl ester	200	18.392	$C_{10}H_{16}O_4$	2.21
12	Boranamine,N-ethyl-1,1-dipropyl	141	18.625	$C_8H_{20}BN$	0.92
13	2-(E)-Hexenoic acid,(4S)-amino-5-methyl	143	18.742	$C_7H_{13}NO_2$	6.14
14	1-Piperidinepropanenitrile	138	31.667	$C_8H_{14}N_2$	1.39
15	2-Pyrolidine methanol,1-methyl (1-methyl-2pyrrolidinyl)-methanol	115	31.217	$C_6H_{13}NO$	1.57

Verificou-se que os ácidos hexadecenóicos se encontram na geleia real da abelha enfermeira, formando cerca de 50% do total de ácidos gordos e são conhecidos por terem ação bactericida, anti-inflamatória e actividades anticancerígenas (Isidorov *et al.*,2011).

Quanto a F_{11} e F_{12} - e apesar do facto de terem cinco compostos em comum (quadros 22 e 23) - verificou-se que F_{11} tem mais compostos detectáveis (15 compostos) e menos citotoxicidade do que F_{12}, que tem apenas 9 compostos.

Note-se que os compostos linoleato de etilo e oleato de etilo presentes na fração 8 e que são considerados responsáveis pela citotoxicidade da fração, não são definitivamente o agente causador da bioatividade de F_{11} e F_{12} , uma vez que estão completamente ausentes nas duas últimas fracções.

A elevada citotoxicidade pode ser atribuída a:

(1) Os quatro compostos não partilhados detectados na fração 12 têm efeitos mais tóxicos do que os outros compostos detectados na fração 11, que não se encontram na fração 12. Estes compostos são: (trans/cis) -3-(dimetil amino)-4,5- dicianociclohex-1-eno, N-(6-cloro-2-pirazinil)- 2-(1- piperidinil) acetamida, prolina, éster N-metil-butílico e ciclo-hexanol, 2- amino- 1- metil-4- (1-metil-etilo).

(2) É possível que os quatro compostos - não detectados na fração 11 - tenham um efeito sinérgico em relação à atividade dos 5 compostos comuns a ambas as fracções.

(3) Também podem ocorrer efeitos antagónicos de um ou mais dos 10 compostos encontrados na fração 11 (para além dos 5 partilhados com a fração 12), o que leva a que seja menos citotóxica.

A deteção - neste estudo - dos 33 compostos diferentes encontrados nas quatro fracções (8, 9, 11 e 12) é considerada como um resultado pioneiro que não foi relatado anteriormente. O único composto que apresenta algum tipo de 97

Tabela (23): Pesos moleculares, tempos de retenção e fórmulas dos compostos presentes em F_{12}, conforme revelado pela análise GC/MS.

No	Compound	Mwt.	Rt.time	Formula	Peak area%
1	(trans/cis)-3-(Dimethylamino)-4,5-dicyanocyclohex-1-ene	175	6.742	$C_6H_{13}N_3$	2.19
2	Methanamine,N-(3-methyl-2-butenyliden	97	7.300	$C_6H_{11}N$	19.13
3	N,N-Dimethyl-1,3-butadien-1-amine	97	7.433	$C_6H_{11}N$	28.05
4	Cyclobutanone,2,3,3,4-tetramethyl	126	10.700	$C_8H_{14}O$	1.71
5	Hygrine/2-propanone,1-(methyl-2-pyrrolidinyl)-,(R)	141	13.808	$C_8H_{15}NO_2$	11.31
6	N-(6-chloro-2-pyrazinyl)-2-(1-piperidinyl)acetamide	245	14.367	$C_{11}H_{15}ClN_4O$	2.49
7	Morpholine,4-(2-methyl-1-propenyl)	141	15.317	$C_8H_{15}NO$	7.35
8	Proline, N-methyl-butyl ester	185	17.925	$C_{10}H_{19}NO_2$	2.01
9	Cyclohexanol,2-amino-1-methyl-4-(1-methylethyl)	155	18.625	$C_{10}H_{21}N$	2.28

semelhança (não exatamente semelhante) é o composto prolina, éster N-metil-butílico, na fração 12, comparado com o éster etílico da prolina betaína identificado na mesma *Maerua sp.* por William *et al.* (1996).

A fração 12, que provou ser a fração citotóxica mais elevada, tem 9 compostos, tal como revelado pela análise GC/MS. A citotoxicidade pode estar ligada à atividade anticancerígena, uma vez que os compostos com elevada toxicidade (7,46 LC_{50} ou menos) são considerados agentes anticancerígenos. O Instituto Nacional do Cancro dos Estados Unidos tinha um nível padrão fixo para a citotoxicidade que é definido de acordo com o tipo de medicamento utilizado (Mojica e Jose, 2007).

Um dos compostos presentes na fração 12 é um derivado da prolina (éster N-metil-butílico da prolina). Este composto pode ser considerado como a causa da elevada toxicidade da fração, uma vez que se verificou que a prolina livre inibe o crescimento de tumores mamários induzidos por N-metil-N-N-Nitrosoureia em ratos, tal como relatado por Kalinovsky *et al.* (2004). Ele sugeriu a sua utilização como um inibidor do desenvolvimento do cancro da mama.

Surpreendentemente, os tubérculos *de M. pseudopetalosa* foram utilizados na medicina popular dos nativos do sul do Estado do Nilo Azul para o tratamento do crescimento do cancro da mama sem qualquer conhecimento dos seus constituintes químicos. Além disso, a prolina, éster N-metil-butílico, foi isolada da *Azadirachta indica* por Moorthy e Boominanthan (2011), embora tenha sido utilizada como agente antimicrobiano e não como agente citotóxico.

Além disso, verificou-se que a acetamida, presente na F12, é citotóxica em concentrações elevadas em animais de criação (Kennedy,1986) e pode, consequentemente, contribuir para o aumento da citotoxicidade da fração na concentração adequada.

CAPÍTULO 4

4. CONCLUSÕES E SUGESTÕES FUTURAS

4.1. Conclusões

As plantas medicinais são conhecidas por serem uma fonte eficaz na medicina tradicional e moderna. São utilizadas para o tratamento de um grande número de doenças, uma vez que contêm agentes terapêuticos, especialmente os que contêm metabolitos secundários.

Embora *as* aplicações clínicas necessitem de investigações cuidadosas da eficácia dos produtos à base de plantas, bem como da sua segurança; no entanto, a toxicidade de alguns produtos vegetais é aplicada no tratamento de algumas doenças, especialmente aquelas em que os extractos não são utilizados por via oral. Os tipos de extractos bioactivos são geralmente decididos pela natureza das partes da planta ou pelos tipos de solventes utilizados, para além de alguns outros factores.

Foram extraídas diferentes partes de *M. pseudopetalosa*, nomeadamente: raízes, tubérculos e partes aéreas inteiras, utilizando clorofórmio, acetato de etilo e etanol.

Os três extractos foram testados quanto a actividades antimicrobianas contra estirpes bacterianas e espécies fúngicas selecionadas.

Os resultados obtidos indicaram que o clorofórmio não é um solvente adequado para a extração de ingredientes antimicrobianos neste estudo, uma vez que as raízes e as partes aéreas inteiras extraídas por este solvente não mostraram quaisquer actividades antimicrobianas contra todos os microrganismos testados. O único resultado positivo foi obtido quando o extrato de tubérculo foi utilizado numa única concentração (100mg/ml) contra um único organismo *(S. aureus)*. Isto indica claramente que a natureza não polar do solvente clorofórmio não conduziu à extração dos ingredientes certos com propriedades antimicrobianas. O método de extração do acetato de etilo foi escolhido para a extração do tubérculo da planta, uma vez que proporcionou a atividade mais elevada; enquanto o etanol foi selecionado com base em experiências experimentais e relatórios que indicam que proporciona uma melhor capacidade de extração.

O rastreio fitoquímico dos extractos brutos foi efectuado através de testes químicos e seguido de separação por cromatografia em camada fina.

Os extractos de etanol bruto e de acetato de etilo foram aplicados em testes de toxicidade em ratos Wistar. Os testes incluíram parâmetros bioquímicos, heamatológicos e alterações histopatológicas. Os testes bioquímicos incluíram (AST, ALT, ALP, proteína total, albumina, colesterol, bilirrubina total e direta e ureia. Parâmetros hematológicos como leucócitos, hemácias, HB, MCV, MCH, MCHC, CT, MPV, PLT, RDW, PDW, LY, GR e MO também foram utilizados para testar a toxicidade dos extractos. Para além disso, as alterações histopatológicas foram escolhidas como um julgamento adicional da toxicidade.

Obtiveram-se resultados diferentes que dependem do tipo de extrato, da sua concentração e dos parâmetros utilizados. O extrato etanólico revelou-se tóxico, uma vez que conduz à mortalidade na dose mais elevada.

O fracionamento por cromatografia em coluna para os extractos de acetato de etilo e de etanol deu origem a 20 fracções; 8 para o primeiro extrato e 12 para o segundo. As fracções obtidas foram testadas quanto à citotoxicidade contra larvas de artémia. Os resultados globais indicaram que as fracções de etanol exerceram mais efeitos citotóxicos do que as obtidas através das fracções de acetato de etilo. A importância da citotoxicidade, neste estudo, deve-se às suas caraterísticas altamente aclamadas que estão intimamente ligadas à atividade antitumoral.

Foi efectuado um fracionamento adicional do extrato de etanol utilizando a separação por cromatografia em camada fina dos metabolitos secundários, o que levou à deteção de esteróis, triterpenos e flavonóides.

As quatro fracções de etanol (F_8 , F_9 , F_{11} e F_{12}) com maior citotoxicidade foram selecionadas para análise GC/MS.

F_8 e F_9 são compostos principalmente por derivados de ácidos gordos, enquanto F_{11} e F_{12} consistem - principalmente - em derivados de aminoácidos, aminas, acetamida, ésteres de ciclobutanona e metano aminas e derivados de ácidos carboxílicos.

Estes compostos foram comparados com outros compostos citotóxicos referidos na literatura anterior e, por conseguinte, considerou-se que a citotoxicidade em F_8 e F_9 se devia à presença de oleato de etilo e linoleato de etilo, enquanto em F_{11} e F_{12} se devia aos compostos comuns ou partilhados em ambas as fracções ou à atividade tóxica de qualquer um dos outros compostos que ainda não se provou serem citotóxicos. O efeito citotóxico adicional em F_{12} é possivelmente devido ao éster de prolina-N-metilbutilo.

4.2. Recomendações futuras

As sugestões que se seguem são apresentadas como recomendações futuras:

1- Os testes de citotoxicidade devem ser alargados para incluir as partes importantes da planta, como as sementes, uma vez que se sabe que são tóxicas quando ingeridas, embora não existam relatórios sobre a sua utilização como compostos medicinais.

2- A utilização de mais solventes de extração com polaridades mais fortes e outras com polaridades mais fracas do que as aplicadas neste estudo é outro objetivo. Estes solventes devem ser utilizados para a extração de mais metabolitos secundários e compostos tóxicos ou para aumentar a capacidade de extração das fracções.

3- Realizar mais investigações para verificar a presença de actividades antioxidantes das fracções detectadas.

4- Efetuar testes de potencialidades anticancerígenas dos diferentes compostos identificados.

5- É necessária a utilização de ferramentas mais adequadas para a identificação dos compostos extraídos, como a espetrometria de infravermelhos (IR), as ressonâncias magnéticas nucleares (NMR) e a cristalografia de raios X.

REFERÊNCIAS

Adebayo, A.H. Tan, N.H. Akindahunsi, A.A. Zeng,G.Z. Zhang, Y.M. (2010). Atividade anticancerígena e antirradicalar de *Ageratum conyzoides* L. (Asteraceae). Phcog. Mag. 6:62-66.

Adebayo, J.O., Adesokan, A., A., Olatunji, L.A., Buoro, D.O., Soladoye, A.,o. (2005). Efeito do extrato etanólico das folhas de Bouganaivillea spectabilis nas variáveis hematológicas e lipídicas séricas em ratos. Biokem, 17:4550.

Adoum, O.A. (2009). Determinação dos níveis de toxicidade de algumas plantas da savana utilizando testes de camarão de salmoura (BTS). Bayero J. of Pure and Applied Sciences, 2(1) : 135-138.

Afolayan, A. J. e Yakubu, M.T. (2009) Efeito do extrato do caule *de Bulbine natalensisbark* nos índices funcionais e na histologia do fígado e do rim de ratos Wistar machos. Jornal de Alimentos Medicinais 12 (4): 814-820.

Ahammadsahib, K.I., Hollingworth, R.M., McGovern, P..J, Hui, Y.H., McLaughlin, J.L. (1993). Inibição de NADH: ubiquinona redutase (complexo mitocondrial I) por bullatacin, um potente antitumoral e pesticida Annonaceous acetogenin. Life Sci. 53:1113-1120.

Ahmed, F.A. (2009). Estudos antimicrobianos, fitoquímicos e toxicológicos em oito espécies de plantas de Apocynaceae e Asclepiadaceae. Tese de Mestrado. Faculdade de Ciências. Universidade de Cartum, Sudão

Ajagbonna, O.P., Onifade, K.I., Suleiman, U. (1999). Alterações heamatológicas e bioquímicas em ratos que receberam extrato de *Clatropics procera* Sokoto Journal of Veterinary Science 1: 36-42.

Akinyemi, B.(2000). Conceito recente na formação de placas. J. Clin. Pathol, 30: 13-16.

Al Magboul, A.Z. (1992). Investigação antimicrobiana e fitoquímica em *Vernolia amygdalia* e outras plantas sudanesas; Tese de Doutoramento. Faculdade de Ciências da Universidade de Cartum, Sudão.

Al Magboul, A.Z., Bashir, A., Salih, A.M., Farouk, A. e Khalid, S.A. (1987). Atividade antimicrobiana de certas plantas sudanesas utilizadas na medicina popular: Rastreio da atividade antibacteriana(v). Fitoterapia 59: 57-62.

Al Magboul, A.Z., Farouk, A., Bashir, A., Karim, A. e Salih, A.M. (1985). Atividade antimicrobiana de certas plantas sudanesas utilizadas na medicina popular: Rastreio da atividade antibacteriana (11). Fitoterapia: 103-109.

Ali, A.N.A.,Tuilich, W.D., Kusnich, C. e Lindequist, V. (2001).Screening of Yemeni medicinal plants for antibacterial and cytotoxic activities J. Ethnopharmacology. 74: 173-179.

Ali, Y., Riza, N., kalhoro, A.M. e Abdulmalik, M. (2008).Estudos fitoquímicos em *Maerua arenaria.* J. Chem. Soc. Pak. 30(1) : 112-118.

Almeida PA, Silva TMS, Echevarria A (2002). 5-alquil-1,3-diolium-4-tiolatos mesoiónicos: Síntese e toxicidade para a artémia. Heterocycl. Comm. 8:593-600.

Al-Rawi, M.M. (2007). Efeito dos extractos de flores de *Trifolium sp.* no estado da histologia do fígado de ratos diabéticos induzidos por estreptozotocina. Revista Saudita de Ciências Biológicas 14 (1): 21-28.

Amaechi,N.C. (2009). Avaliação nutritiva e anti-nutritiva de sementes de kola maravilhosa *(Buccholzia coricea).* Jornal de Nutrição do Paquistão 8 (8): 1120112 2.

Anderson JE, Goetz CM, McLaughlin JL, Suffness M (1991). Uma comparação cega de bioensaios simples de bancada e citotoxicidades de células tumorais humanas como pré-sensores antitumorais. J. Phytochem. Anal. 2:107-111.

APG (1998). Grupo de Filogenia de Angiospermas. Uma classificação ordinal para as famílias de plantas com flores. Annals of the Missouri Botanical Garden 85: 531-553.

Ashafa, A.O. e Olunu, O.O.(2011). Avaliação toxicológica do extrato etanólico da raiz de *Morinda Lucida* (L) Benth. (Rubiaceae) em ratos Wistar machos J. Nat. Pharm 2:108-114.

Ashafa, A.O., Sunmonu T. O. e Afolayan, A.J. (2010). Avaliação toxicológica de extractos aquosos de folhas e bagas de *Phytolacca dioical* em ratos Wistar machos. Food Chem. Toxicol., 48: 1886-1889.

Ashafa,A.O., Yakubu,M.T., Grierson,D.S. e Afolayan, A.J. (2009).Efeito dos extractos aquosos das folhas de *Chrysocoma ciliate* L. em alguns parâmetros bioquímicos de ratos Wistar. Afr. J.Biotechnol.,8:1425-1430.

Atere, T.G. e Ajao, A. T. (2009).Implicações toxicológicas da fração alcaloide bruta da raiz *de Gnestis ferrugineaD. C.* nos índices de função hepática de ratos Wistar machos.International Journal of Biomedical and Health Sciences 5 (3): 1189-1195.

Attawish, A., Chavalittumrong, P., Chivapat, S., Punyamong, S., Chuthaputti, A. e Rattanajarasroj, S. (2002).Toxicidade subcrónica de *Cissus quadrangularis* Linn. Songklanakarin J. Sci. Technol. 24(1) : 39-51. Azaizh, H., Fulder,S. ,Khalil, K. e Said, O. (2003). Conhecimento etnobotânico dos praticantes árabes locais na região do Médio Oriente Fitoterapia 74: 98-108.

Baker, J.T., Borris, R.P. e Carte, B. (1995). Descoberta e desenvolvimento de medicamentos à base de produtos naturais: New perspective on international collaboration. J. Nat Prod. 58: 1325-1357.

Balows,A., Hausler, W.J.J.R., Herrmann, L., Iseberg, H.D. e Shadomy, H.J.(1991). Manual de Microbiologia. 5th ed. :371.

Bastos, M.L., Lima, M.R., Conserva, L.M., Andrade,V.S., Rocha, E.M. e Lemos, R.P.(2009). Estudos sobre a atividade antimicrobiana e toxicidade para a artémia de extractos *de Zeyheria tuberculosa* (veil.) Bur. (Bignoniaceae) e seus principais constituintes. Anais de Microbiologia Clínica e Antimicrobianos.8:16.

Baxter, G.C., Stanners, C.P. (1987). The Effect of Protein Degradation on Cellular Growth Characteristics (O Efeito da Degradação de Proteínas nas Caraterísticas de Crescimento Celular). Journal of Cellular Physiology.96:139-45.

Bents, K.O.R. (2004). Medicamentos à base de plantas comumente usados nos Estados Unidos: uma visão geral Am. J. Med., 116: 478-485.

Biazar, E., Rezayat, M., Montzeri,N., Pourshamsian, KH., Zeinali, R., Asefnejad, A., Rhim, M., Zadehzare, M., Mohmoudi, M., Mazinani, R. e Ziaei, M. (2010). O efeito das nanopartículas de acetaminofeno na toxicidade hepática em modelo de rato. International J. of Nanomedicine 5 : 197-201.

Borgio, F.J., Thorat,K., Dravin e Lonkar,D.A.(2008).Actividades antimicóticas e antibacterianas de extractos *de Gynandropsis pentaphylla D.C.* e seus estudos fitoquímicos. O Jornal Internacional de Microbiologia.L (2):102-110.

Borries, R. P (1996). Investigação de produtos naturais: Perspectivas de uma grande empresa farmacêutica. J.Ethanopharmacol. 51: 29 - 38.

Bose,V., Bala,V., Ghosh, N.T., Gunasekaran e Rahman,A. (2011).Atividades antinociceptiva, citotóxica e antibacteriana das folhas de *Cleomeviscose*. Rev. Bras. Farmacogn. 21(1):45-51.

Broun, A.F. e Massey, R.E.(1929). Flora of the Sudan. Wellington House, Buckingham, Gate, Londres, SW.I

Burkill, H. M., (1985).As plantas úteis da África Tropical Ocidental. Royal Botanical Garden.1(1):18-26.

Bush, B.M. (1991). Interpretação dos resultados laboratoriais de clínicos de pequenos animais. Publicação científica Blackwell, Londres.

Casey M. G., Adams, J. e Sibbritt, D. (2007). Um exame da prescrição e dispensa de medicamentos por terapeutas herbais ocidentais: um inquérito nacional na Austrália. Complement Ther. Med. 15(1): 13-20.

Castleman, M. (2001).The new healing herbs: O guia clássico para os melhores medicamentos da natureza, com as 100 melhores ervas testadas pelo tempo. Rodale. ISBN 15.

Chavalittumrong, P., Chivapat, S., Attwish, A., bansiddni, J. ,Phadungpt, S., Chaorai, B. e Butrapom, R. (2003). Estudo crónico de *Portulaca gorandiflora* Hook. J. Ethnophamacology 90:375-380.

Chinenye, J.U., Shaibu, O.B., Emmanuel, U.E., Vincent, U.I., Oguejiofor, M.U. e Raymond, U.O.(2011). Estudos preliminares de toxicidade e fitoquímicos do extrato aquoso de *Ficus platyphyllain* ratos albinos fêmeas. Investigação Internacional J. de Farmácia e Farmacologia. 1 (5) :86-92.

Chinoy, N.J. e Padman, P. (1996). Investigações antifertilidade no extrato de benzeno de sementes *de Caricapapaya* em ratos albinos machos. J. of Medicinal and Aromatic Plant Sciences, 18 (3) : 489-494.

Chinoy, N.J., Patel, K.G. e Sunita, CH. (1997). Efeitos reversíveis do extrato aquoso de sementes de papaia no microambiente e no metabolismo do esperma do epidídimo da cauda do rato. J. of Medicinal and Aromatic Plant Sciences, 19(3) :717-723.

Cui, C.B. (1996). "Spirotryprostatin B, um novo inibidor do ciclo celular de mamíferos produzido por *Aspergillus fumigatus*". J. Antibiot. 49: 832-835.

Da Roch, A.B., Lopes, R.M. e Schwartsmann, G. (2001). Produtos naturais na terapia anticancerígena. Curr . Opin. Cancro, 1: 364-369.

Da Silva, E. J. e Hoarean, L. (1999). Plantas medicinais: uma ajuda à saúde reemergente. Revista Eletrónica de Biotecnologia. 2:43-45

Darah, K., Jain, S.,Surays, S.H., Lim, N., Hazarina, A. e Siti Noor, A. (2006).Screening for anti-yeast activities from selected medicinal plants.Journal of Tropical Forest Science. 18 (4): 231-235 .

Dhanabal, P.S., Kannan, E. Bhojraj, S. (2007). Efeitos protectores e terapêuticos da planta medicinal indiana *ptrocarpus santalinus* nas lesões hepáticas induzidas pela D-glactosamina. Asian Journal of Traditional MedieinesI:29-35.

Dhanotiya, R.S. (2004). Textbook of Veterinary Biochemistry 2nd edition. Índia, Jaypee Brothers Medical Publishers Ltd. 271-444.

Diane-Boulanger (2002). A contribuição islâmica para a ciência, a matemática e a tecnologia, Oise papers , in STSE Education,3:218.

Doka, I.G.M. (2001). Algumas plantas medicinais do folclore do Cordofão Ocidental e rastreio fitoquímico. Mestrado (Botânica), Faculdade de Ciências. Universidade de Cartum.

Dong, H., Ningz, Yul, Lil, Lin, L. e Huang, J. (2007).Separação preparativa e identificação do flavonoide phlorhizin do extrato bruto de *Lithocarpuspolystachyus* Rehd. Moléculas. 20: 12 (3): 52 - 62.

Duncan, W., Taschereau,P., Rene J., Crystal,P.l. e Robert, P.(2008). Atividade antifúngica de extractos de plantas medicinais Journal of Ethanopharmacology. 115:140-146.

El Ghazali, G.E.B., AlBari, E., Bashir, A.K. e Salih, A.K.M. (1987). Medicinal plants of the Sudan. Parte II, Plantas medicinais dos Montes Nuba Orientais, KH. Uni. Press.

El Ghazali, G.E.B., ElTohami, M.S., El Egami, A.A.B., Abdella, W.S. e Mahamoud, M.G. (1997). Plantas medicinais do Sudão. Parte IV, Med. Plantas do Cordofão do Norte, Cartum. Omdurman Islamic Uni - Print and Publishing House.

El kamali, H. e Khalid, S.A. (1998). Os remédios à base de plantas mais comuns na província de Dongloa, no Norte do Sudão, Fitoterapia. Lxix (2): 118-121.

Eltohami, M.S.(1997).Plantas medicinais e aromáticas no Sudão. In:Medicinal ,culinary and aromatic plants in the Near East. FAO. Repositório de documentos corporativos.

Ernst, E. (1998). Prescrições de herbalistas tradicionais para condições clínicas comuns: Um inquérito aos membros do Instituto Nacional de Ervanárias Medicinais do Reino Unido. Investigação em Fitoterapia.

Fahd e Toufic, (1996) "Botany and agriculture.815, in (Morelon e Rashed, 813).

Fiedler, H.P. (2004). Rastreio da bioatividade. In: Microbial diversity and bioprospecting, A.T. Bull(ed) ASM, Press, Washington. P. 324-335.

Firenzuoli, F. e Cori, L. (2007). A medicina herbal hoje: Questões clínicas e de investigação. Evd. Based Complement. Alternat. Med. 4: 37-40.

Fransworth, N.R. (1994). Etanofarmacologia e desenvolvimento de medicamentos. In: Ethanobotany and the search for new drugs, Ciba foundation symposium 185, Prance, G.T. and March,J. (Eds.). John Wiley and sons, Chichester, P.42-59.

Galal,M. El Ghazali, G. Khalid, H.S., Al Magboul,A.Z. Elkhaleefa, M. e Abdellah,W.(2002).Conferance of medicinal plants in the Arabic countries deliberations. Instituto de Investigação de Plantas Medicinais e Aromáticas. P.25-27. Gehlot, D. e Bohra, A. (2000).Efeito tóxico de vários extractos de partes de plantas no organismo causal da febre tifoide. In: Current Science 78(7): 203209.

Gentil, J. V.,Viviane, L. G., Maria, H. S. ,Arildo, J. B. e Marcos, A. Z. (2005). Determinação qualitativa de alcalóides indólicos de *Taberanaemontana fuchsiaefolia* (Apocynaceae). J. Braz. Chem. Soc. 16 (66):65-63.

Girish,D. e Shridhar, D.(2007).History of medicine: Sushruta, o clínico e professor por excelência. Centro Nacional de Informática.

Gomez, K.A. e Gomez, A.A. (1984).Statistical procedures for agricultural research 2nd Ed. John Wiley and Sons, Inc. Nova Iorque.

Grawford, J.M. (2005). Fígado e vias biliares. Pathologic basis of disease, ed. Kumar, V. Philadelphia: Elsevier Saunder. P. 924.

Green wood, D., Slack, R.C.B. e Peutherer, J.F. (1992) in A. O. Rustum (2006). Atividade antimicrobiana de cinco plantas medicinais contra bactérias patogénicas e *A. flavus*, o organismo causador da aflatoxicose. Tese de Mestrado da Universidade de Al-Neelain - Departamento de Microbiologia.

Hall, J. C. (2008). Systematics of Capparaceae and Cleomaceae: an evaluation of the generic delimitations of Capparis and Cleome using plastid DNA sequence data. Botânica 86:682-696.

Hall, J.C., Iltis, H. H. e Sytsma, K.J. (2004). Filogenética molecular do núcleo Brassicales, placent de géneros órfãos Emblingia, Forchhammeria, Tirania e evolução de caracteres. Systematic Botany 29: 654-669.

Harborne, J.B. (1973).Phytochemical Methods: Um guia para técnicas modernas de análise de plantas. Champnan e Hall Press. Londres. Universidade de Reading.

Harborne,J.B.(1998). Phytochemical Methods: Um guia para técnicas modernas de análise de plantas. Champman and Hall press. London.

Haynes, B.E., Bessen, H.A. and Wighmtan, W.D.(1985).Oleander tea: herbal drought of death. Annals of Emergency Medicine. 4 (4) :350-353 Henry, A.J. (1948) O princípio tóxico da *Courbonia virgata:* O seu isolamento e identificação como um sal de tetrametilamónio. Nascimento. J. Pharmacol. 3:187.

Hostettmann, K. (1991). Methods in Plant Biochemistry: Assays for Bioactivity. Academic Press, Londres. UK. 6:360.

Hostettmann, K. e Maston, A.(2002). Vinte anos de investigação sobre plantas medicinais: Resultados e perspectivas. Phytochem. Rev., 1: 275-285.

Hudaults, Guingnot, J. e Servin, A.l. (julho de 2001) "Estirpes *de Escherichia coli* que colonizam o trato gastrointestinal de ratos germfree contra a infeção por *Salmonella thyimurium*". (1): 47-55.

Isidrov, V.A., Czyzewska, V. Jankowsk e Bakier, S.(2011). Determinação do ácido da geleia real no mel. Food Chemistry, 124:387-391 Janovska, D., Kubikova, K. and Kokoska, L. (2003).Screening for antimicrobial activity of some medicinal plants species of traditional Chinese medicine. Checa, J. Food Sci., 21: 107-110.

Jigna, P. e Chanda, S. (2008). Atividade antifúngica *in vitro* de extractos de metanol de algumas plantas medicinais indianas contra leveduras e bolores patogénicos. Revista Africana de Biotecnologia 7 (23): 4349-4353.

Kalinovsky, T., Waheed, M., Nusrath, W., Ivanov, V., Niedzwiecki, A.e Rath,M. (2004).Modulação de tumores mamários induzidos por N-metil-N-nitrosoutea em ratos Sprague-Dawley por combinação de lisina, prolina, arginina, ácido ascórbico e extrato de chá verde. Matthias Rath Research, Divisão de Cancro, Sanata, Califórnia, EUA.

Kaneko, J. T. e Cornelius, C.E (1985). Clinical biochemical study of domestic animals (Estudo bioquímico clínico de animais domésticos). Academic Press. Nova Iorque. 2:1132-1143

Kavanagh, F. (1972). Analytical Microbiology. Academic Press. Nova Iorque e Londres.II. P. 11.

Kennedy,GL.JR. (1986).Efeitos biológicos das acetamidas e formamidas e dos seus derivados monometil e dimetílico. Journal of Crit. Rev. Taxicol. 7(2): 129-182.

Khalid, S. A., Farouk, A., Geary, T. G. e Jensen, J. B. (2002). Potenciais candidatos antimicrobianos de plantas africanas. Uma abordagem in vitro utilizando *o plasmodium falsiparum.* J. Ethnopharmacology. 15: 201- 209.

Khatib, N.A., Wadulkar, R.D., Joshi, R.K.e Majagi, S.I. (2010) Avaliação da atividade cardioprotectora do extrato de metanol da casca de *Cassia fistula.* 2: 565-571.

Klich, M.A. (2007). *Aspergillus flavus* : O maior produtor de aflatoxina. Molecular Plant Pathology 8(6):713-722.

Koko, W.S., Galal, M. e Khalid, H.S. (2000). Eficiência fasciolicida de *Albizia anthelmintica* e *Balanites aegyptiaca* em comparação com o albendazole. J. of

Ethnopharmacology, 71: 247-252.

Konate, K., Souza, A-Lamidi, M., Djoba Siawaya, J.F., Ella Mendene, F.H., Millogo - Rasolodimby, J. e Nacoulma, O.G. (2011) Efeitos biológicos e toxicológicos do extrato aquoso de acetona de *Cienfuegosia digitata Cav.* em ratinhos e ratos. Jornal de Farmacologia e Toxicologia 6 (2): 149-157.

Li, J., Xia, y. e kuter, D.J. (1999) Interação da trombopoitina com a estabilidade e a farmacocinética. Br.J. Haematol, 106: 349.

Lia P.K. e Roy, J.S (2004). Antimicrobial and chemopreventive properties of herbs and spices (Propriedades antimicrobianas e quimiopreventivas de ervas e especiarias). Carr. Med. Chem. 11 (11): 51-60

Mackeen MM, Ali AM, Lajis NH, Kawazu K, Hassan Z, Amran M, Habsah M, Mooi LY, Mohamed SM (2000). Actividades antimicrobiana, antioxidante, promotora de antitumores e citotóxica de diferentes extractos de partes de plantas de Garcinia atroviridis Griff. Ex T. Anders. J. Ethnopharmacol. 72:395-402.

Mahendra, A. G. Abhishek, S. S. Alok,S. A. Juvekar, A. (2010).Efeito protetor do extrato aquoso de *Moringa Lam.* Stem bark on serum lipids, marker enzymes and heart antioxidants parameters in isopropanol - induced cardiotoxicity in Wistar rats. Jornal Indiano de Produtos Naturais e Recursos 1 (4): 485-492.

Mahesh, B. e Satish, S. (2008). Atividade antimicrobiana de algumas plantas medicinais importantes contra plantas e agentes patogénicos humanos. Revista Mundial de Ciências Agrárias 4 (2): 839-843.

Matu, E.N. e staden, J. (2003). Actividades antibacterianas e anti-inflamatórias de algumas plantas utilizadas para fins medicinais no Quénia. J. Ethanopharmacology 87: 35-41.

Mclaughin, D.I., Change, C.J.e Smith, D.L., (1991) "Bench - Top" Bioassays for discovery of bioactive natural products: an update. Study of Natural Product Chemistry 9: 383-409.

Meyer, B.N., Ferrigini, R.N., Putnam, J.E., Jacobsen, L.B., Nichols, D.E. e Mclaughin, J.L. (1982) Brine Shrimp: Um bioensaio geral conveniente para constituintes activos de plantas. Planta Medica 45: 31-35.

Mohamed I. E. (2005). Investigações antibacterianas, antivirais e fitoquímicas sobre algumas plantas medicinais sudanesas. Tese de doutoramento Faculdade de Ciências, Universidade de Cartum, Sudão.

Mohammed I, Rahmat A. Adisa Choudhary e Olufunso O. Olorunsogo (2010). Atividade hipoglicémica das sementes de *Buccholzia coricea* (Capparaceae) em ratos e ratinhos diabéticos induzidos por estreptozotocina. Patologia Experimental e Toxicológica 10: 1016.

Mohammed, E.E. (2007) Investigações fitoquímicas e biológicas sobre óleos essenciais de seis plantas medicinais sudanesas. Tese de Mestrado, Faculdade de Ciências, Universidade de Cartum, Sudão.

Mojica, E. e Jose, R. (2007). Estudo da bioatividade do extrato aquoso de sementes de *Barringtonia asiatica* (L.) Kurz. em *Artemia salina.* Revista Internacional de Botânica, 3(3): 325-328.

Moorthy, V. e Boominathan, M (2011). A atividade antimicrobiana de extractos brutos e fracções de *Psidium guajava* e *Azadirachta indica* contra *Staphylococcus aureus* de pacientes afectados por doenças crónicas. International Journal of Universal Pharmacy and Life Sciences I (2):76-84 Moshi M.J., Mbwambo, Z.H., Nodo, R.S.O., Masmba, P.J., Kamuhabwa, A. Kapingn, M.C., Thomas, P. and Richard, M. (2006) Evaluantion of ethnomedical claims and brine shrimp toxicity of some plants used in Tanzania as traditional medicines. Jornal Africano de Medicinas Tradicionais, Complementares e Alternativas 3: 48-58.

Moshi, M.J., Cosam, J.C., Mbwam B.O.H., Kapingu, M. e Nkunya, M.H.H (2004) Testing beyond ethnomedical claims: Letalidade da artémia de algumas plantas da Tanzânia. Biologia Farmacêutica 42: 547-551.

Mubarak, E.E. (2005) Atividade antibacteriana e investigações fitoquímicas em três espécies de Solanum. Tese de Mestrado. Faculdade de Ciências, Universidade de Cartum, Sudão.

Mumoli, N. C. e Cosimi, A. (2006). Hepatotoxicidade relacionada com medicamentos N. Engli.J. Med. 354 (20): 2191.

Naganna, B. (1989) Plasma Proteins. In: Textbook of biochemistry and human biology, second edition (Tawlar GP, Srivastava LM, Moudgils KD, eds.). Prentice Hall of India Private Ltd., Nova Deli, P.172-181.

Nwanjo, H. U. (2007) Estudos sobre o efeito do extrato aquoso da folha de *Phyllanthus niruri* no nível de glucose plasmática e em alguns marcadores hepatoespecíficos em ratos Wistar diabéticos. O Jornal Internacional de Medicina Laboratorial. 2 (2):17-21.

O'German, C. M. (2008) "Discovery of asexual cycle in the opportunistic fungal pathogen *Aspergillus fumigatus"*. Nature 16: 457: 471.

Oduola,I., Bello, I., Adeosun, G., Abdu - Wahed,A., Raheem G. e Avwioro, G.(2010) Avaliação da heaptotoxicidade e nefrotoxicidade em ratos albinos Wistar expostos ao extrato de folhas de *Morinda eucida*. North Am. J. Med. Scie. 2: 230-233.

Ogbonnia, S.O., Mbaka, G.O., Anyika, E.N., Osegbo, O.M. e Igbokwe, N. H. (2010): Avaliação da toxicidade aguda em ratinhos e da toxicidade subcrónica do extrato hidroetariólico de *Chromolaena odrata* (L.)King e Robinson (Fam. Asteraceae) em ratos. Agriculture and Biology Journal of North America dio: 10. : 859-865.

Ojiako, O.A. e Igwe, C.V. (2007) Composições nutricionais e anti-nutricionais das sementes de *Cleome rutidosperma, Lagenariasiceraria* e *Cuscurbita maxima* da Nigéria. Jornal de Alimentos Medicinais, 10 (4): 735 - 738.

Ojiako, O.A. e Nwanjo, H.U. (2006). *A Vernonia amygdalina* é hepatotóxica ou hepatoprotectora? Respostas de estudos bioquímicos e toxicológicos em ratos. Afric. J. Biotechnol, 5 (18): 1648-1651.

OlAzeez, O.l. Oyagbemi, A.A. Oyeyemi, M.O. e Odetolal A.A. (2010). Efeitos benéficos do *Cnidoscolusaconitfolius* na toxicidade da aloxana em ratos Wistar. Revista List Afr. Health SCI. 10 (3): 112-119.

Olson, H., Betton, G., Robinson, D., Thomas, K., Monro, A., Kolaja, G., Lilly P., Berger, B, Heller, A. (2000). Concordância da toxicidade de produtos farmacêuticos em seres humanos e em animais. Regul. Toxicol. Pharmacol.,32:56-67.

Orleans, N. -Martery,K. George A. e laud, k. Okine, A.A .(2010) Ausência de toxicidade específica de órgão em ratos tratados com tónica, e preparação aquosa de ervas heamatínicas. Jornal Africano de Medicinas Tradicionais, Complementares e Alternativas

7(3): 231-240.

Ortsater, H. (2011).Arachidonic acid fights palmitate :New insights into fatty acid toxicity in 0-cells. Clinical Science 120: 179-181.

Ouedraogo, Y. Guissou, I. P. e Nacoulma, O.G. (2007). Estudo biológico e toxicológico do extrato aquoso da raiz de *Mitragyna inermis* (Willd Oktze) Rubiaceae. Int. J. Pharmacol, 3: 80-85.

Oumzil, H., Ghoulami, S., Rhajaoui,M., Hidrissi, A., Tetouani,S.F., Faid, M. e Benjouad,A. (2002) Atividade antibacteriana e antifúngica dos óleos essenciais de *Mentha suaveolens*. Phytother. Res. 16: 727-731.

Padmaja, R. Arun, P.C. Prashanth, D. Deepak, M. Amit, A. e Anjana, M., (2002) Bioensaio de letalidade de artémia de plantas medicinais indianas selecionadas. Fitoterapia 73 (6): 508-510.

Parra, A.L., Yhebra, R.S., Sardinas, I.G. e Buela, L.I. (2001). Estudo comparativo do ensaio de *Artemia salina* L. e da estimativa da dose letal média (valor LD50) em ratos para determinar a toxicidade aguda oral de extractos de plantas. Fitomedicina 8 (5) : 395-400

Pisutthanan, S. Plianbangchang, P. Pisutthanan, N. Rvanruay S. Muanrit, O (2004): Letalidade do camarão de salmoura. Atividade das plantas medicinais de Thia na família Meliaceae. Naresuan Univ. J. 12: 13-18.

Pousset, J.L.(1988): Plantas medicinais utilizadas como fonte de matéria-prima para a indústria farmacêutica, problemas e perspectivas. In: Produção de medicamentos a partir de produtos naturais. Actas do sétimo simpósio internacional. DRPU. OAV, Ife, NigériaP. 37-41.

Preeja G., Pillai, P., Suresh, Aggarwal, G., Doshi, G. e Bhtia, V. (2011) Normalização farmacognóstica e perfil de toxicidade do extrato metanólico da folha de *Plectranthus amboinicus(Lour)* Spreng. Jornal de Ciências Farmacêuticas Aplicadas 1 (2): 75 - 81.

Priscila, L. Tomaz,M. N. Luiz, C.D. Luciano, B. (2007). Atividade antibacteriana de extratos de plantas medicinais. Revista Brasileira de Microbiologia 38: 717-719.

Pushpangadan, P.(1995). Ethnobiology in India: a status report, Gol. Nova Deli, (PubMed)

Rahman, M.S. e Rashid, M.A. (2008). Atividade antimicrobiana e citotoxicidade de *Ecliptaprostrata.* Oriental Pharm. Exp. Med. 8:47-52.

Rajesh, P., Selvamani, P., Lath, S., Saraswathy, A. e Rajesh, V.K. (2009) Uma revisão sobre as aplicações químicas e médico-biológicas da família capparidaceae.Journals of Pharmacognosy 31 (6): 378-387.

Rolls, B.,J. (2000).The role of energy density in the over consumption of fat. J. Nutr., 130: S268-S271.

Rousseaux, C.G. e Schachter, H. (2003). Questões regulamentares relativas à segurança, eficácia e qualidade dos remédios à base de plantas. Investigação sobre defeitos congénitos. Parte B, Develop. Reprod. Toxicol., 68: 505-510.

Ryan, K.J. Ray, C.G. (2004). Sherries medical microbiology 4th ed. Mc Graw Hill. ISBN 0.8385-8529-9.

Saad, B., Azaizeh, H. Abu Hijleh,G. e Said S. (2006). Segurança da medicina tradicional árabe à base de plantas. A review evidence of complementary Alternative medicine; 3: 433-439.

Sallie, R. Tredger, R.S. e Williams (1991). Os fármacos e o fígado. Biopharm. Drug Dispos, 12 : 251-259.

Sani, D., Sanni, S. e Ngulde, S.I. (2009). Rastreio fitoquímico e antimicrobiano do extrato aquoso do caule de *Anisopus mannii.* J. Med Plant Res, 3: 112-115.

Sani, D., Sanni, S., Sandabe, U.K. e Ngulde, S.I. (2009) Efeito da ingestão de extrato aquoso do caule de *Anisopus mannii* nos parâmetros hematológicos em ratos. Revista Internacional de Investigação Aplicada em Produtos Naturais 2 (3): 22-28.

Sanjay, K., Uniyal, K.N., Singh, Pankaj J, e Brij Lal (2006). Traditional use of medicinal plants among the tribal communities of Chhota Bahangal, Western Himalaya. Journal of Ethnobiology and Ethnomedicine. 6:532546.

Sarah, R.(2000). Intoxicação por Oleandro. Química de Drogas e Venenos. Chem.5:377.

Schippmann,U.Leaman,D.J. Cunninghm, A. B.(2002). Impacto do cultivo e recolha de plantas medicinais na biodiversidade: Global trends and issues. In (FAO).Roma

Schlam, O.W.,Jain, N.C. and Carrol (1975) .Veterinary Heamatology, 3rd edt. lae and Febiger Philadelphia, pp 340-470.

Sharma, R. S. Mishra, V. Singh, R. Seth, I.V. Babu, C.R.(2008). Atividade antifúngica de algumas plantas medicinais dos Himalaias e espécies ornamentais cultivadas. Fitoterapia 79 (7-8): 589-591 .

Shin, J.W. Park, H.J. Kwon, M. Son, C.G. (2010). Avaliação científica da toxicidade crónica do medicamento à base de plantas CGX em cães beagle. Food Chem. Toxicol., 48: 743-749.

Shyamal, S., Latha, P.G., Suja, S.R., Shine, V.J., Anuja, G.I., Sini, S., Pradeep, S., Shikha, P. e Rajasekharan, S. (2010). Efeito hepatoprotector de três extractos de ervas no fígado de ratos intoxicados com aflatoxina BI. Singapore Med. J. 5(4) : 326-331.

Sieradzki, K., Roberts, R.B., Haber, S.W. e Tomasz, A. (1999): O desenvolvimento de resistência à vancomicina num doente com infeção por *Staphylococcus aureus* resistente à meticilina. N. Engl. J. Med, 340: 517-523 Solis, P.N. Wright, C.W. Anderson, M.M. Gupta, M.P. e phillipson, J.D. (1993). "Amicrowell cyotoxicity assay using *Artemia salina"* Planta Medica, 59: 250-252.

Stockwell, C. (1988). Nature's pharmacy. Century Hutchinson Ltd., Londres, Reino Unido.

Sunmonu, T. O. e Oloyede, O. B. (2010). Desempenho e índices hematológicos em ratos expostos à contaminação por monocrotofos. Toxicologia Humana e Experimental 29: 845 - 850.

Tapsell, L.C., Hemphill, I. e Cobiac, L. (2006). "Health benefits of herbs and spices: O passado, o presente e o futuro" Med. J. Aust. 185 (4) :24.

Thomson, W.A.R. (1978). Medicine from the earth. Mc Graw-Hill Book Co., Maidenhead, Reino Unido.

Tietz, N.W.(1994) : Clinical guide to laboratory tests. Terceira edição W.B. Saunders Co., Philadelphia.

Upasani, SM., Kothar, H.M., Mendki. P.S., Maheshwari VL., (2003). Caracterização parcial e propriedades insecticidas dos flavonóides de *Ricinus communis L.* follage. Pest Manag Sci.; 59: 1349-1354.

Vogot, R.L. e Dippold, L. (2005). *Escherichia coli* O157: H7 outbreak associated with consumption of ground beef.Public Health Rep. 120 (20): 174-178.

Wagner, H., Bladt, S - e Zgainski, E.M. (1996). Análise de drogas vegetais. Atlas de cromatografia em camada fina. Spring - Verlag. Berlim, Nova Iorque, Tóquio.

OMS, (2003). Linha de orientação da OMS sobre boas práticas agrícolas e de recolha (GACP) para plantas medicinais D.1.Genera.

William, F.H., Mclean,G., Blunden,G. e Jeweres, K.(1996). Compostos de amónio quaternário nas Capparaceae. Bioquímica, Sistemática e Ecologia 24(5): 427-434.

Wintola, O. A., Sunmonu, T. O. e Afolayan, A. J. (2010). O efeito de *Aloe ferox* MIII. no tratamento da obstipação induzida por loperamida em ratos Wistar. BMC Gastroenterol, 10: 95.

Yakubu, M.T., Bilbis, L.S., Lawal, M. e Akanji, M.A. (2007) Efeito da administração repetida de citrato de sildenafil em actividades enzimáticas selecionadas do fígado e do rim de ratos albinos machos. Nig. J. Pure Appl. Sci. 18: 1395-1400.

APÊNDICE 4.2.

APÊNDICE.1

Cromatograma total e estrutura química detectada na fração (8).

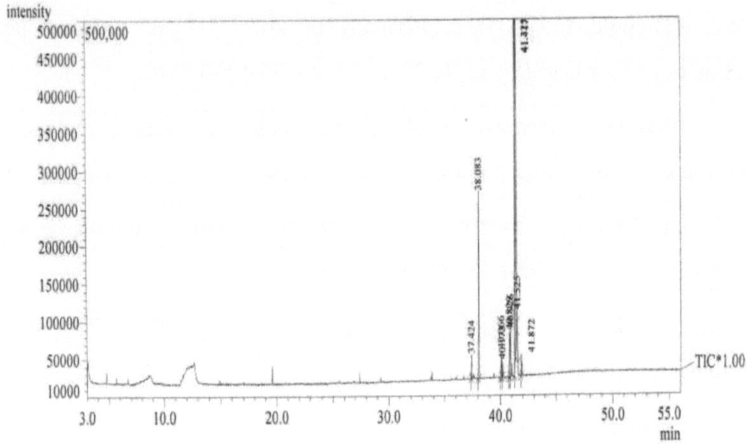

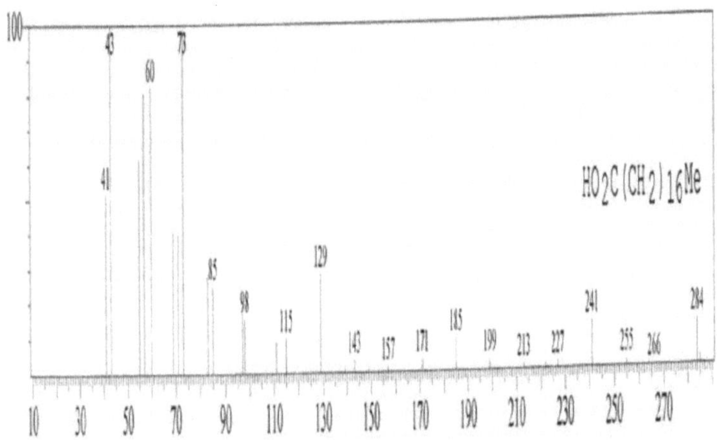

Ácido octadecanóico /Ácido esteárico

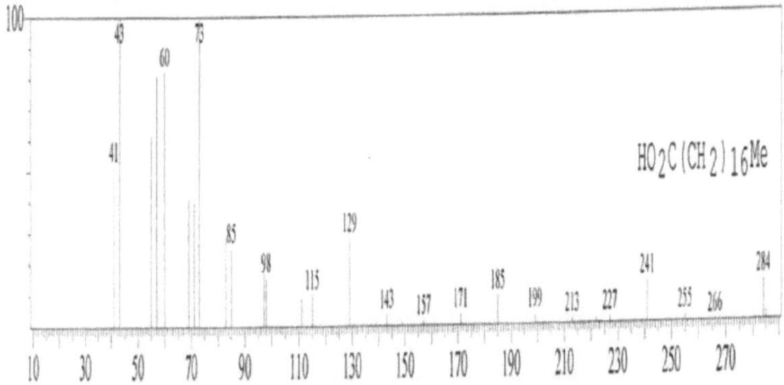

Ácido hexadecanóico, éster etílico / Palmitato de etilo

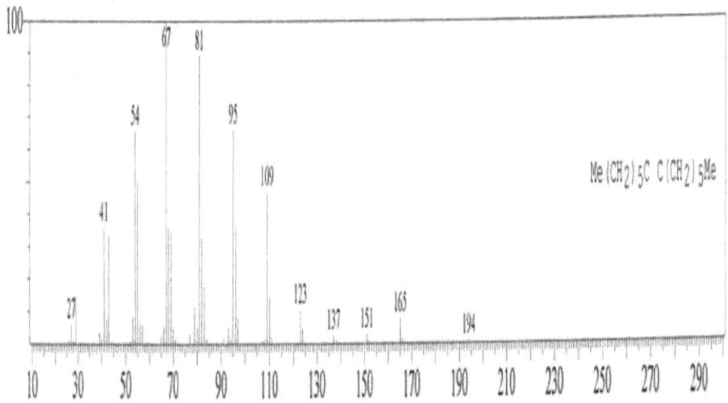

7- Tetradecyne

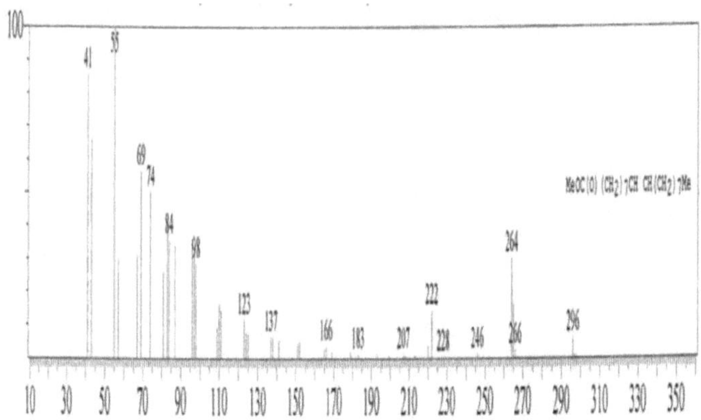

Éster metílico/olato metílico do ácido 9-octadecenóico(Z)

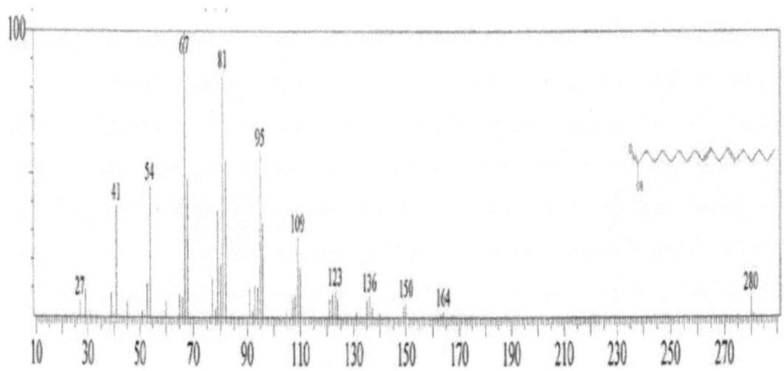

9,12- Ácido octadecadienoico (Z,Z

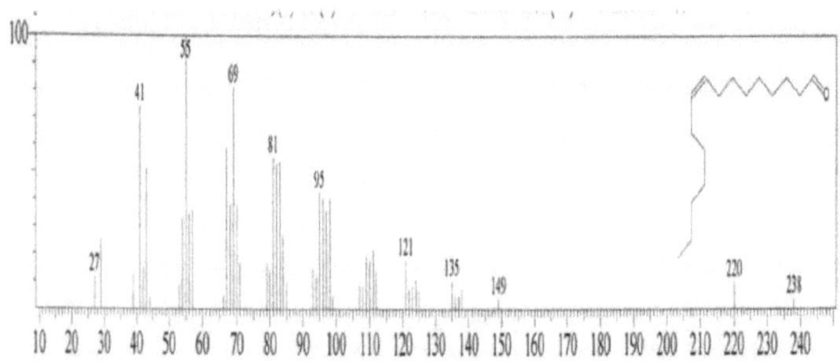

Cis-9 Hexadecenal

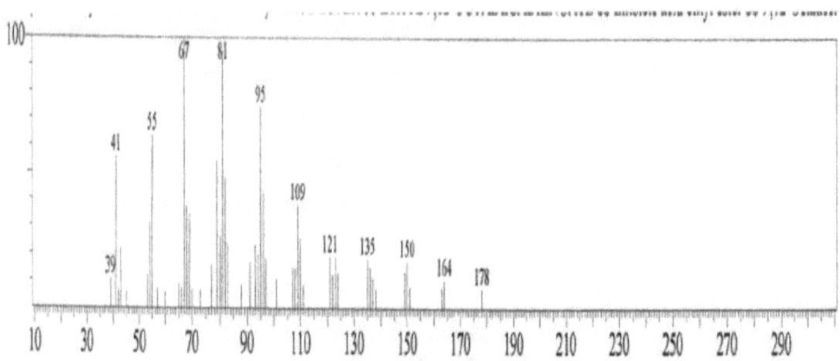

Linoleato de etilo

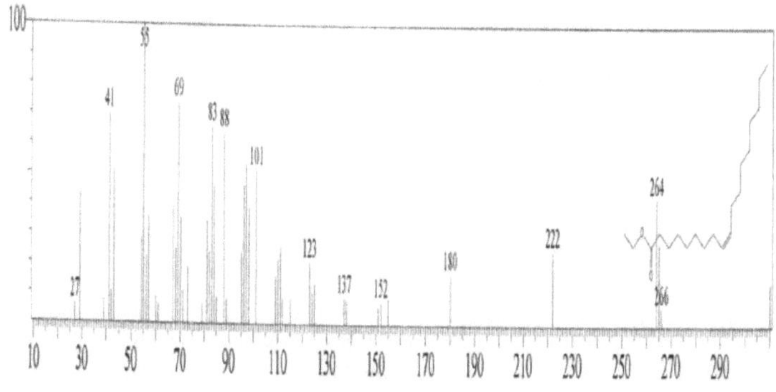

Olato de etilo

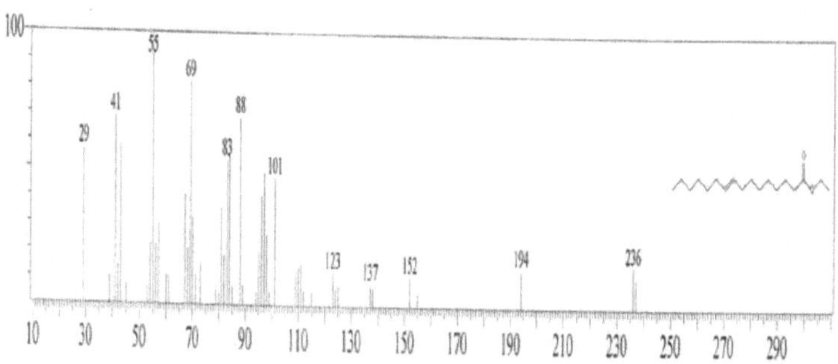

9-hexadecenoato de etilo

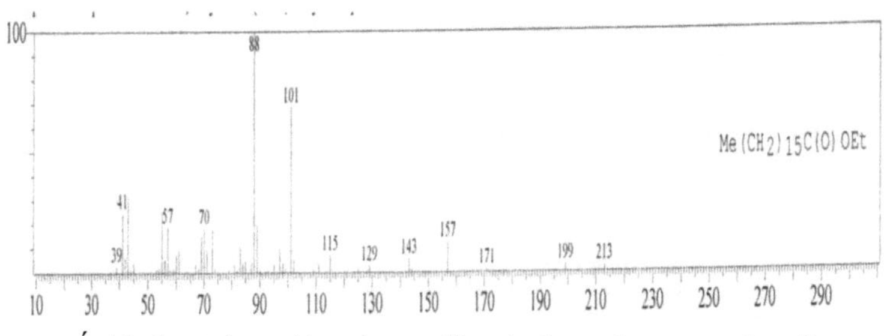

Ácido heptadecanóico, éster etílico / n-heptadecanoato de etilo

APÊNDICE 2: Cromatograma total e estruturas químicas dos compostos detectados na fração (9).

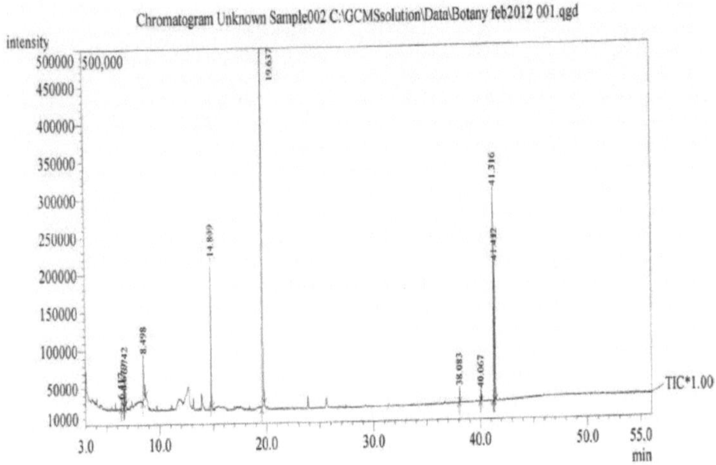

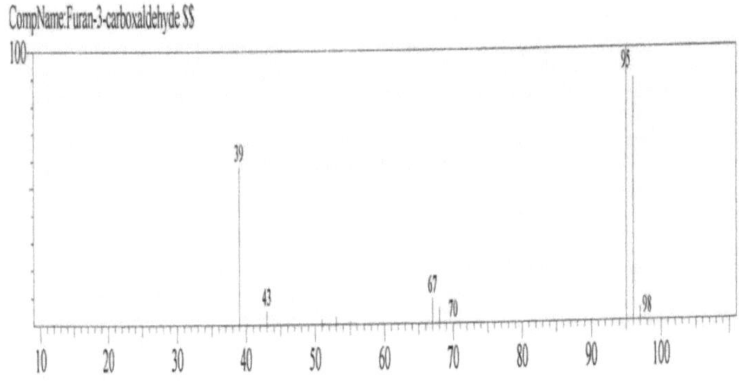

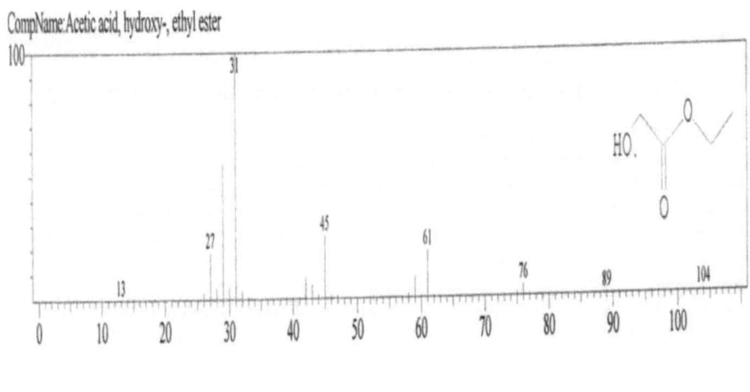

CompName:Propanal, 2,3-dihydroxy- (CAS) Glycerose $$ Glyceraldehyde $$ Glycerinformal $$ Glyceric aldehyde $$ 2,3-Dihydroxypropanal $$ 2,3-Dihyc

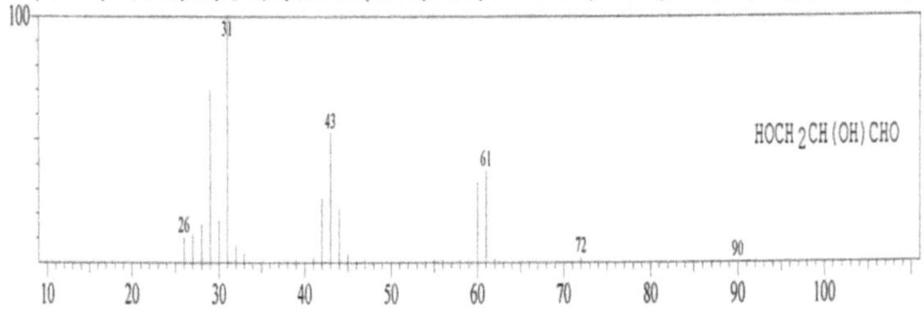

CompName:3-Pyridinecarboxylic acid, 1,2,5,6-tetrahydro-1-methyl-, methyl ester (CAS) ARECOLINE (PURGATIVE,TAENIFUGE) $$ Arecolin $$ Areca

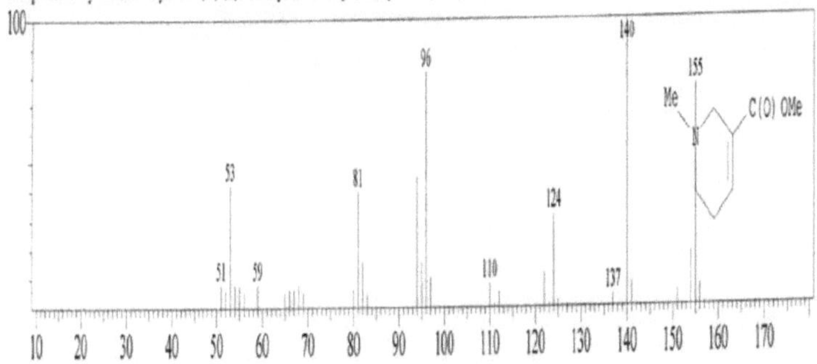

CompName:2-Furancarboxaldehyde, 5-(hydroxymethyl)- (CAS) HMF $$ 5-Oxymethylfurfurole $$ Hydroxymethylfurfurole $$ 5-(Hydroxymethyl)furfural $

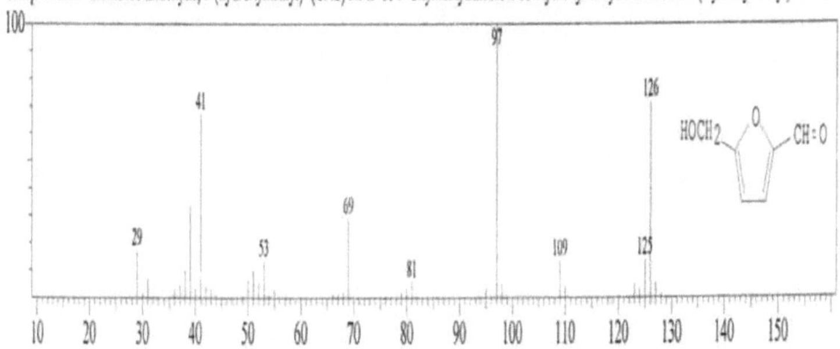

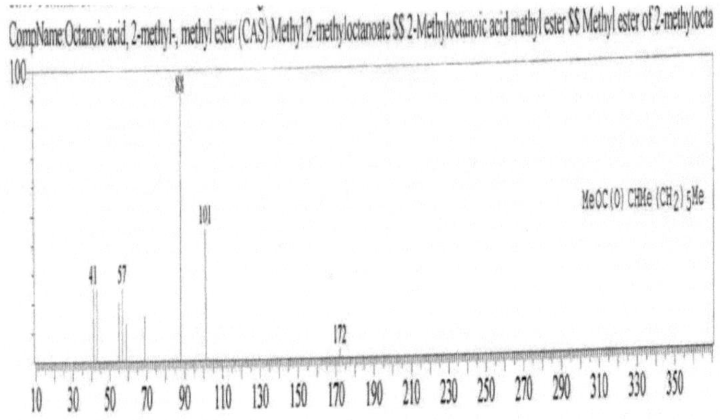
CompName:Octanoic acid, 2-methyl-, methyl ester (CAS) Methyl 2-methyloctanoate $$ 2-Methyloctanoic acid methyl ester $$ Methyl ester of 2-methylocta
100
88
101
41
57
172
MeOC(O)CHMe(CH2)5Me
10 30 50 70 90 110 130 150 170 190 210 230 250 270 290 310 330 350

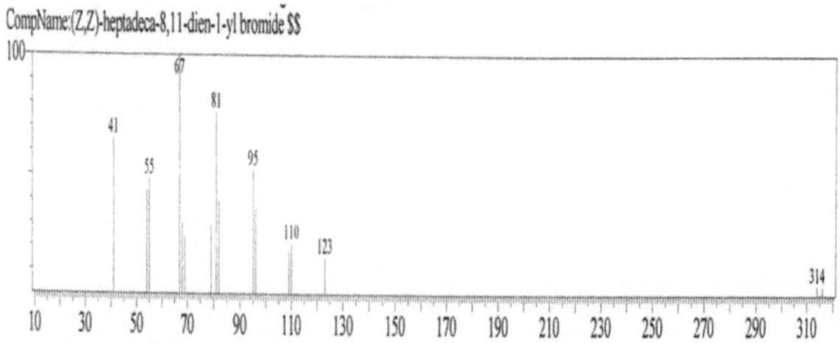
CompName:(Z,Z)-heptadeca-8,11-dien-1-yl bromide $$
100
67
81
41
55
95
110
123
314
10 30 50 70 90 110 130 150 170 190 210 230 250 270 290 310

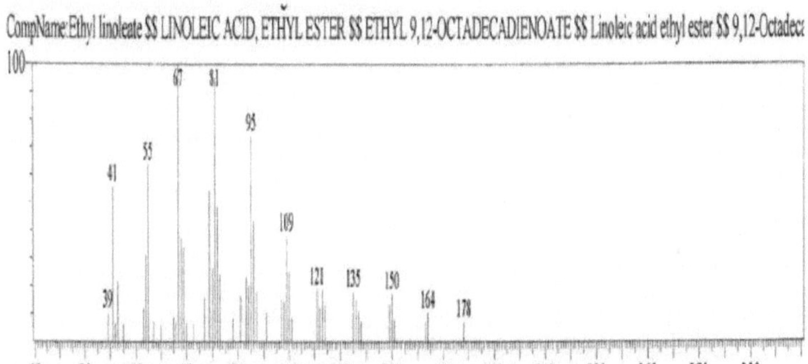
CompName:Ethyl linoleate $$ LINOLEIC ACID, ETHYL ESTER $$ ETHYL 9,12-OCTADECADIENOATE $$ Linoleic acid ethyl ester $$ 9,12-Octadeca
100
67
81
95
55
41
109
121
135
150
164
178
39
10 30 50 70 90 110 130 150 170 190 210 230 250 270 290

CompName:Ethyl Oleate

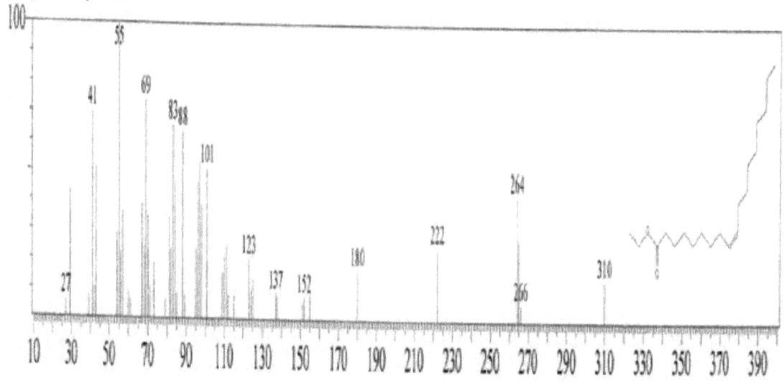

APÊNDICE.3

Cromatograma total e estrutura química detectada na fração (11).

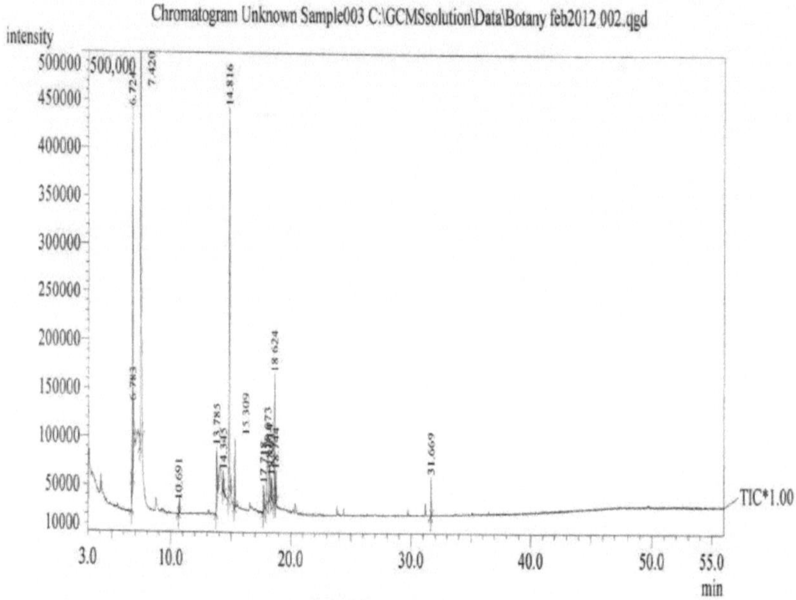

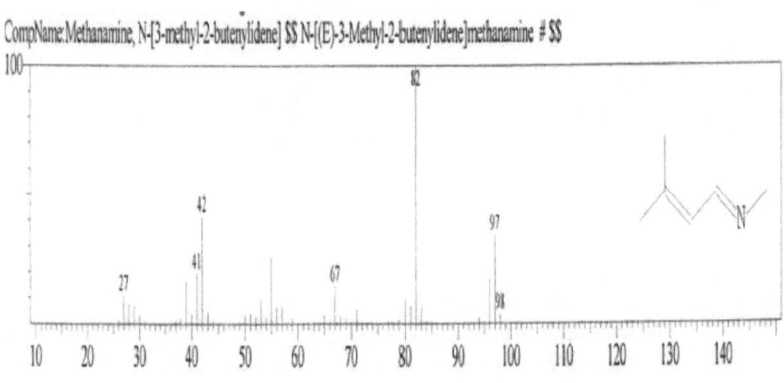

CompName:N,N-Dimethyl-1,3-butadien-1-amine $$

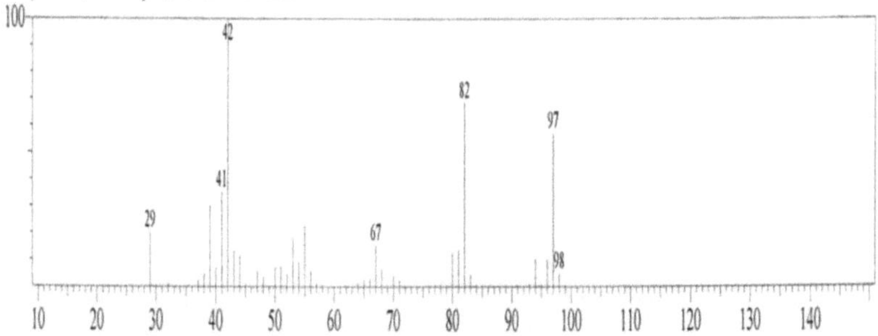

CompName:Cyclobutanone, 2,3,3,4-tetramethyl- $$ 2,3,3,4-Tetramethylcyclobutanone # $$

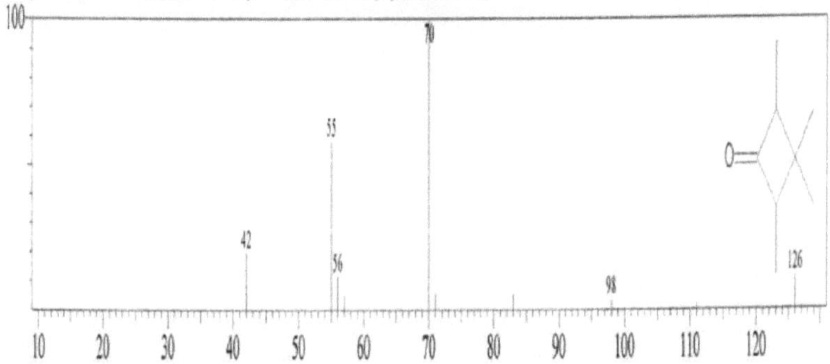

CompName:Hygrine $$ 2-Propanone, 1-(1-methyl-2-pyrrolidinyl)-, (R)- $$ N-Methyl-2-acetonylpyrrolidine $$ 1-(1-Methyl-2-pyrrolidinyl)acetone # $$

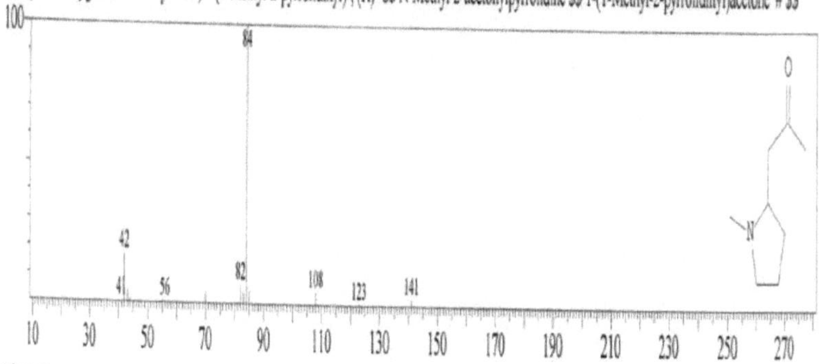

CompName:Hygrine $$ 2-Propanone, 1-(1-methyl-2-pyrrolidinyl)-, (R)- $$ N-Methyl-2-acetonylpyrrolidine $$ 1-(1-Methyl-2-pyrrolidinyl)acetone # $$

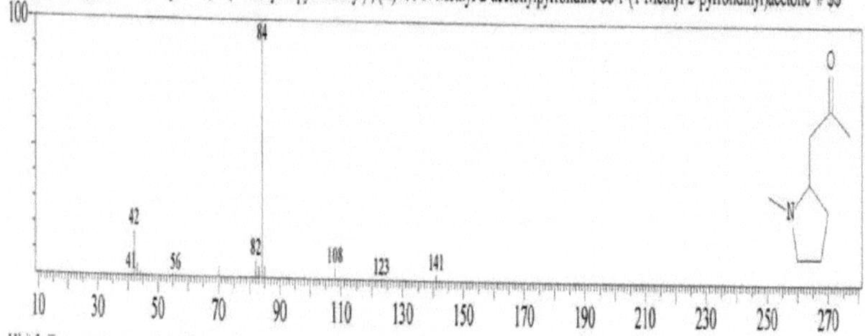

CompName:1-(3-AMINO PROPYL)PIPERIDINE $$ 3-Piperidyl-propylamine $$

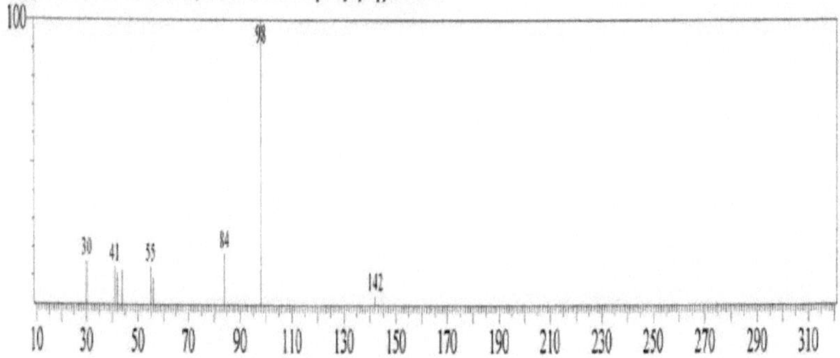

CompName:3-Pyridinecarboxylic acid, 1,2,5,6-tetrahydro-1-methyl-, methyl ester

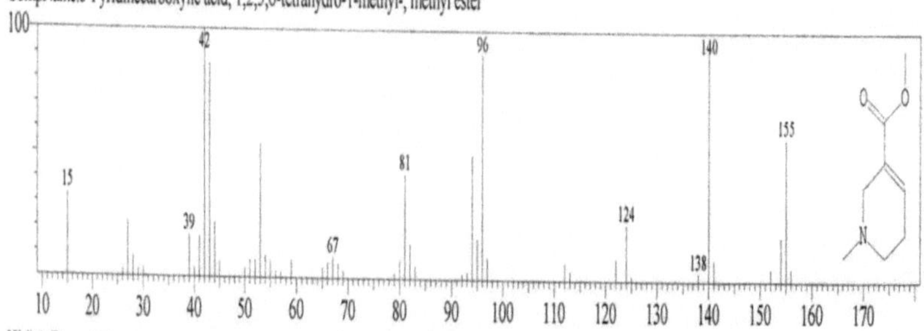

CompName:Morpholine, 4-(2-methyl-1-propenyl)- $$ Morpholine, 4-(2-methylpropenyl)- $$ 1-Morpholino-2-methylpropene $$ 2-Methyl-1-morpholino-1-[

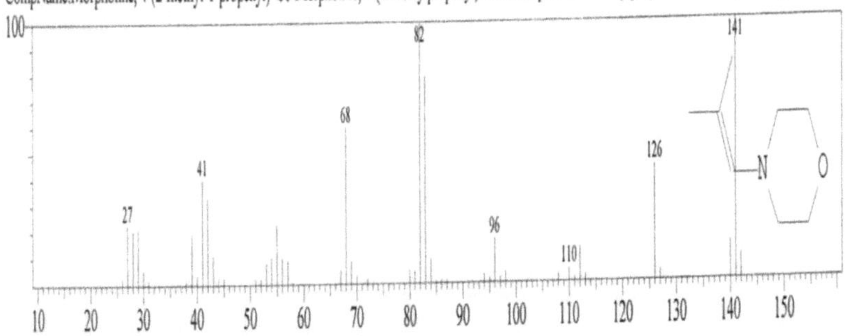

CompName:6-Azabicyclo[3.2.1]octane, 6-methyl- $$ 6-Methyl-6-azabicyclo[3.2.1]octane # $$

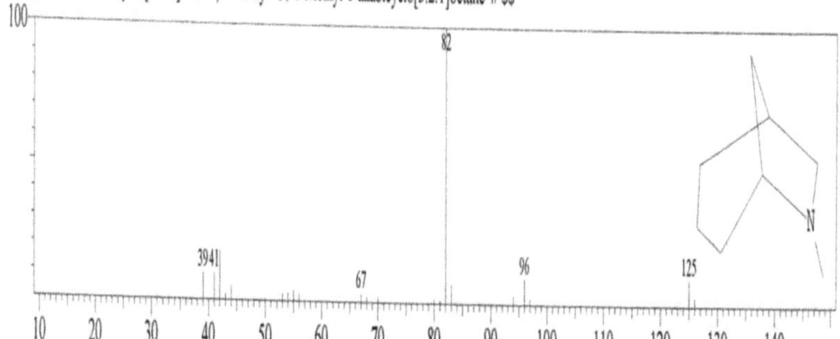

CompName:N-Methyl-L-prolinol $$ (S)-(-)-1-Methyl-2-pyrrolidinemethanol $$ (S)-(-)-2-Hydroxymethyl-1-methylpyrrolidine $$ 2-Pyrrolidinemethanol, 1-r

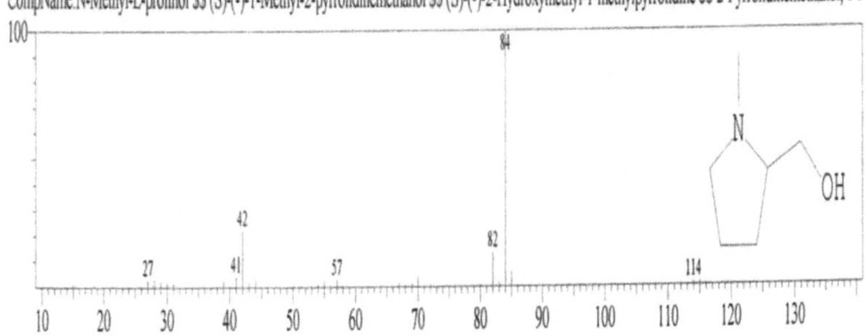

CompName:5-Hydroxypipecolic acid $$ 5-Hydroxy-2-piperidinecarboxylic acid # $$

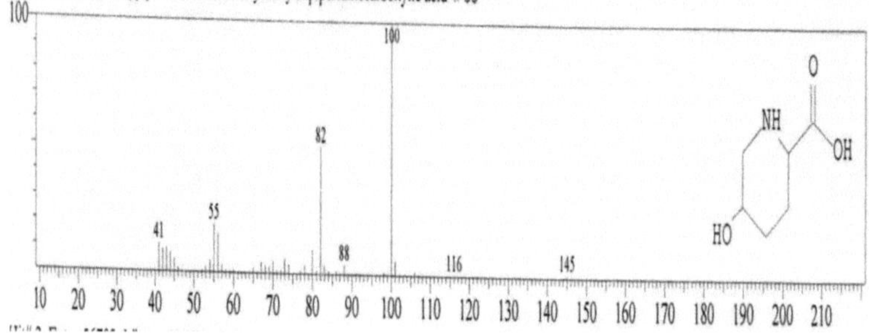

CompName:Dimethyl ester of cis-1,4-Cyclohexanedicarboxylic acid $$ 1,4-Cyclohexanedicarboxylic acid, dimethyl ester, cis- (CAS) cis-Dimethyl 1,4-cyclo

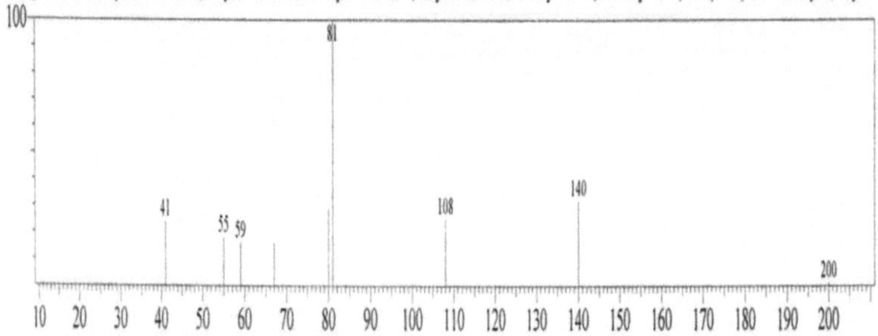

CompName:BORANAMIN, N-ETHYL-1,1-DIPROPYL- $$

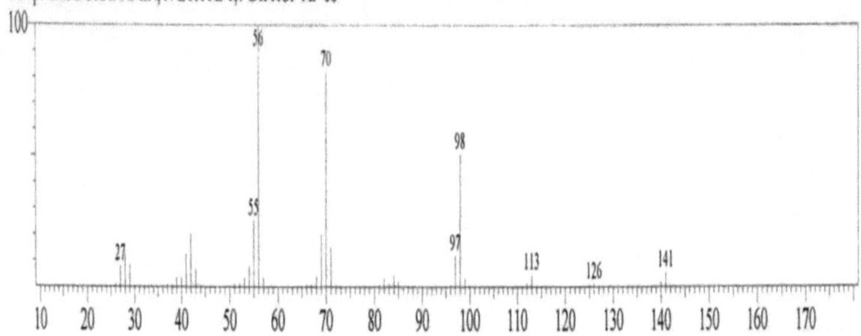

CompName:2-(E)-Hexenoic acid, (4S)-amino-5-methyl- $$ (2E)-4-Amino-5-methyl-2-hexenoic acid # $$

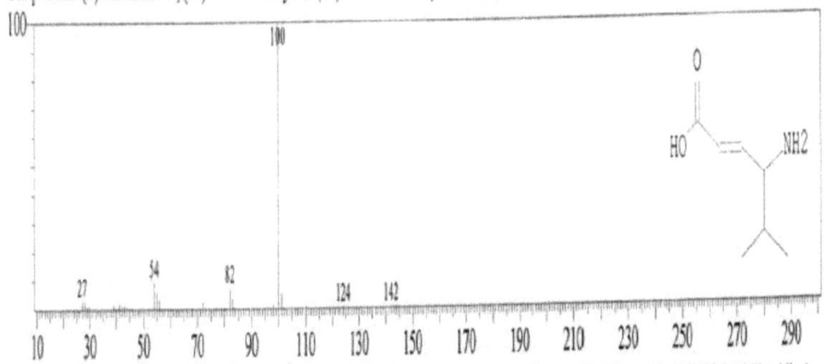

CompName:1-Piperidinepropanenitrile (CAS) 1-Piperidinepropionitrile $$ 3-Piperidinopropionitrile $$ .beta.-Piperidinopropionitrile $$ 3-(N-Piperidino)pro

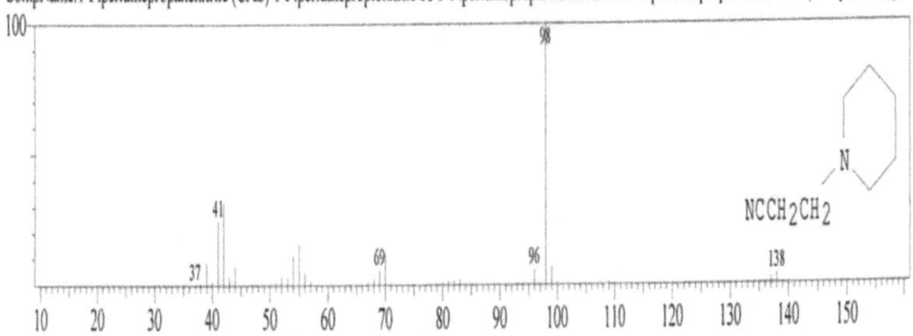

CompName:2-Pyrrolidinemethanol, 1-methyl- $$ (1-Methyl-2-pyrrolidinyl)methanol # $$

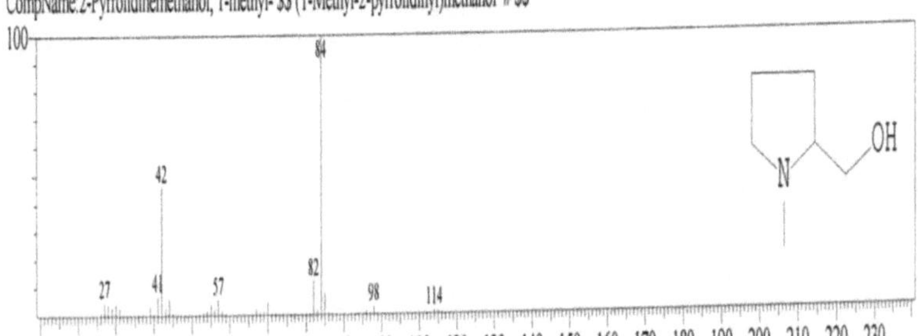

ANEXO 4:

Cromatograma total e estruturas químicas dos compostos detectados na fração (12).

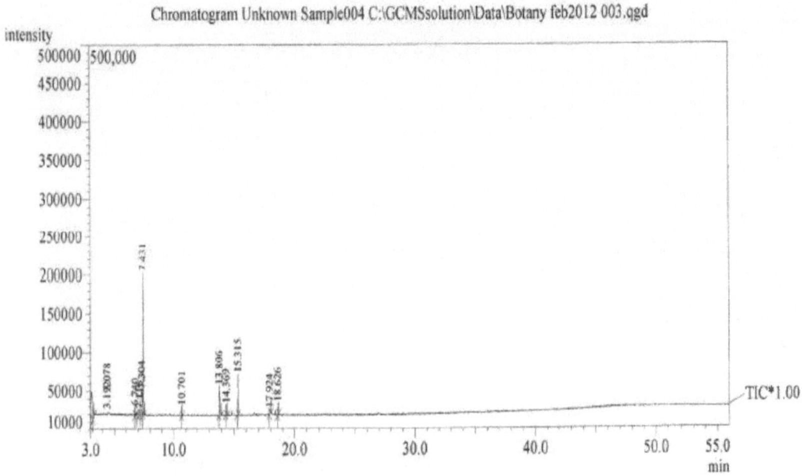

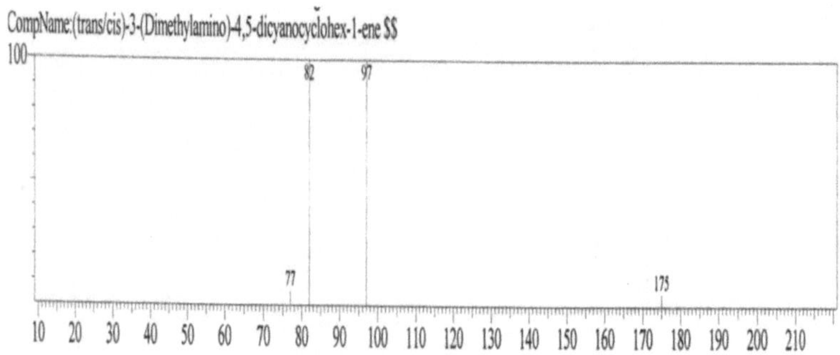

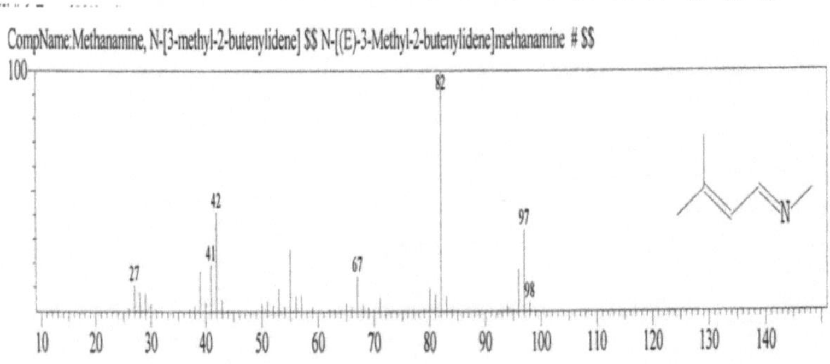

CompName:N,N-Dimethyl-1,3-butadien-1-amine $$

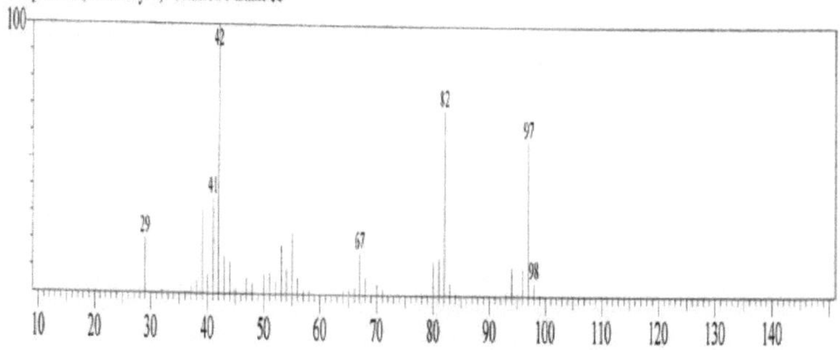

CompName:Cyclobutanone, 2,3,3,4-tetramethyl- (CAS) 2,3,3,4-TETRAMETHYLCYCLOBUTANONE $$

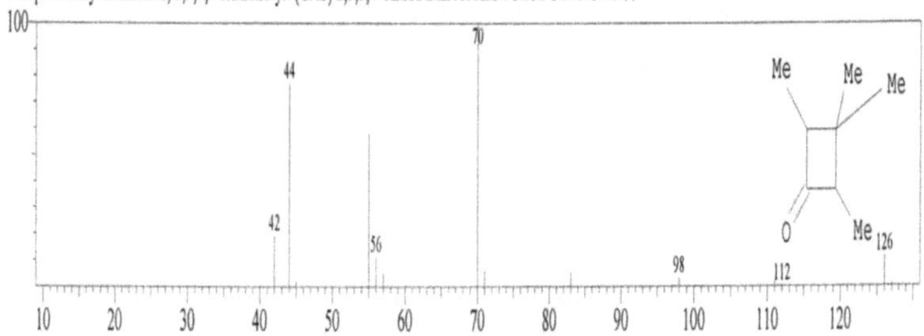

CompName:Hygrine $$ 2-Propanone, 1-(1-methyl-2-pyrrolidinyl)-, (R)- $$ N-Methyl-2-acetonylpyrrolidine $$ 1-(1-Methyl-2-pyrrolidinyl)acetone # $$

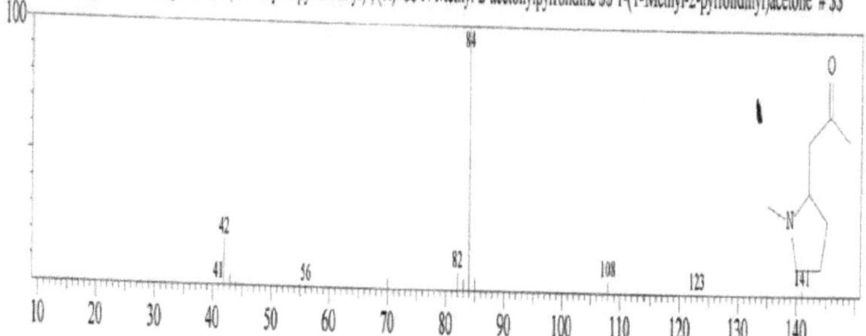

CompName:Acetamide, 2-(1-piperidyl)-N-(6-chloropyrazin-2-yl)- $$ N-(6-Chloro-2-pyrazinyl)-2-(1-piperidinyl)acetamide # $$

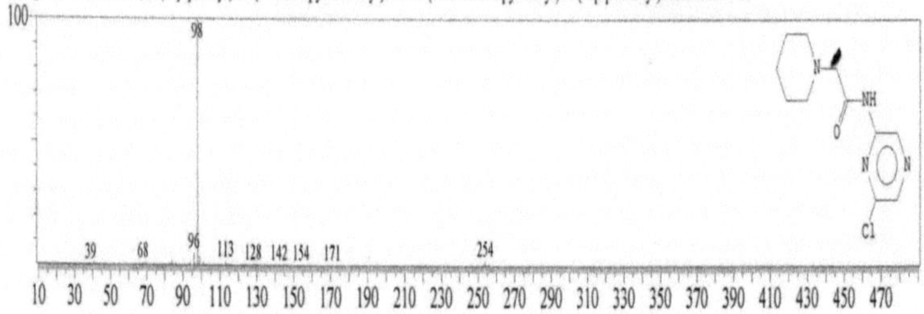

CompName:Morpholine, 4-(2-methyl-1-propenyl)- $$ Morpholine, 4-(2-methylpropenyl)- $$ 1-Morpholino-2-methylpropene $$ 2-Methyl-1-morpholino-1-

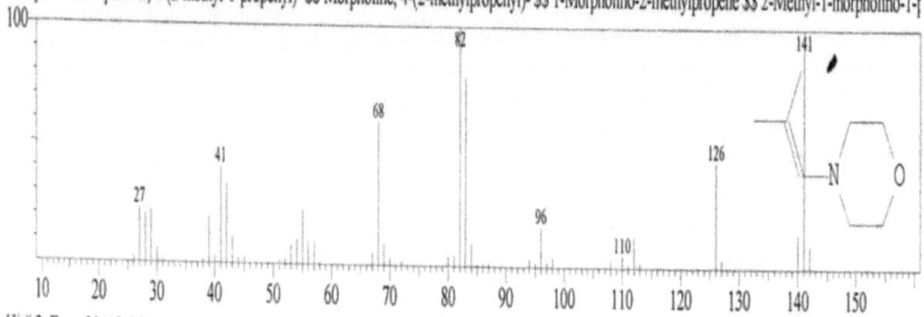

CompName:Proline, N-methyl-, butyl ester $$ Butyl 1-methyl-2-pyrrolidinecarboxylate # $$

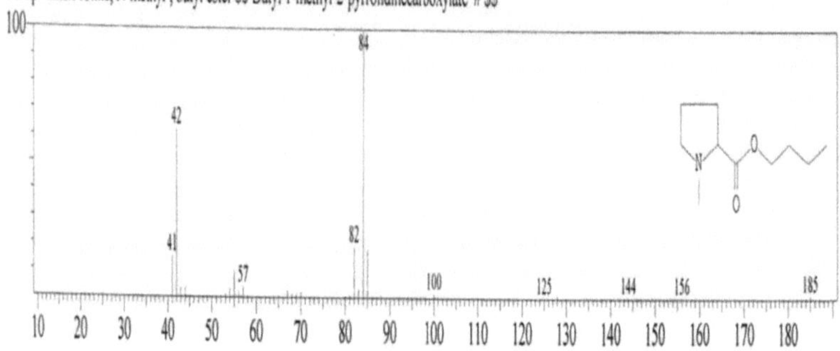

CompName:Cyclohexanol, 2-amino-1-methyl-4-(1-methylethyl)- $$ 5-Isopropyl-2-methylcyclohexanamine # $$

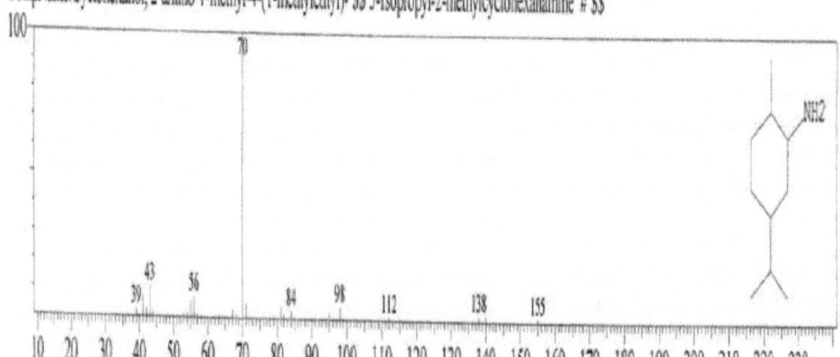

MIX
Papier aus verantwortungsvollen Quellen
Paper from responsible sources
FSC® C105338

Printed by Books on Demand GmbH, Norderstedt / Germany